Hydrologic circulation of water

물의 수문순환

노 섭 저

도서출판
구미서관

PREFACE

머리말

최근 우리나라 및 전세계적인 기상이변으로 인한 국지적인 호우 등으로 발생되는 침수피해 및 여러 재해는 토목공학을 전공으로 연구하는 연구자나 실무에서 활동하는 기술자들에게 수문학의 중요성을 강하게 인식시키고 있다. 수문학은 자연계에서 발생하는 현상자체를 취급하는 공학으로서 변화하는 자연의 속성으로 인하여 정확한 해법을 항상 제시할 수는 없다. 즉, 수문학적인 문제의 해결에는 여러 가지 방법이 있을 수 있으며 정확도에서도 절대적인 결과를 기대하기 어려우므로 공학적인 판단과 경험적인 판단이 다른 분야에 비하여 크게 요청되기도 한다.

이 책의 내용을 정리해보면 1장에는 물의 순환과 수자원 이용현황을 설명하였고, 2장에서는 수문현상에 영향을 주는 기상학적 요인들을 설명하였으며, 3장에서는 기상학적 요인 중에서 가장 중요하면서 실제 영향을 가장 많이 미치는 강수를 다루었다. 4장에서는 수자원의 손실로 간주되는 증발과 증산을 설명하였으며, 5장에서도 손실로 간주되는 침투 및 침루현상을 다루었다. 6장에서는 강수로 발생되는 유출현상을 수문곡선과 함께 설명하였으며, 7장에는 수공구조물의 설계로 실무에서 사용되는 홍수유출량을 산정하는 과정을 실제 사례를 근거로 설명되었다.

이와 같이 본 책의 목적은 인류가 생명을 유지하고 생활하는데 필수적인 물에 관하여 우리 생활과 밀접한 내용을 위주로 전공자가 물에 관한 정보를 습득하는데 가능한 편리하도록 하는데 있으므로 편한 마음으로 접근하기를 당부한다.

이와 같이 물에 대한 정보를 정확한 이해와 용이한 접근성을 통하여 향후 수리학 및 상하수도공학을 공부하는 전공학도들과 물과 관련된 업무에 종사하는 실무기술자에게 도움이 되도록 기여하고자 한다.

CONTENTS

목 차

Chapter 03 강수

Chapter 04 증발과 증산

CONTENTS

목 차

Chapter 07 수공구조물의 설계

CONTENTS

목 차

표 차례

CONTENTS

목　차

그림 차례

CONTENTS

목 차

CHAPTER 01

수문학과 물의 순환

CHAPTER 01

수문학과 물의 순환

hydrology and water circulation

1.1 수문학의 정의

웹스터(Webster)사전의 정의를 인용하면, "수문학(Hydrology)이란 물의 성질, 시간적 및 공간적 분포와 그의 순환을 다루는 과학으로서 지구상의 물이나 암석층내의 물 및 대기중에 있는 물의 연구에 치중하는 과학의 한 분야이다." 한편 미국 과학기술 평의회의 광범위한 정의에 따르면 "수문학은 지구상에 존재하는 물의 생성, 순환, 분포와 물의 물리화학적 성질 및 물이 환경에 어떠한 작용을 하며 생물과는 어떠한 관계를 가지는가를 취급하는 과학의 한 분야로서 지구상의 물의 순환 전체과정을 구명하고자 하는 학문이다."

이와 같은 정의에 따라 수문학은 시간 및 공간적인 특수성이 강한 학문이며, 수리학(hydraulics)이 수공구조물의 실시설계를 위한 학문이라면 수문학은 수공구조물의 실시설계에 선행되는 기본계획수립을 위한 학문이라 하겠다.

1.2 수문학 관련학문

수문학은 물에 관한 실제적인 문제의 해석에 다양하게 응용되는 분야이므로 순수과학이라 볼 수 없으며 이런 의미에서 응용수문학이라고 부르기도 한다. 수문학과 관련된 학문은 다음과 같다.

① 수문기상학 (Hydrometeorology, 水文氣象學)
② 해양학 (Oceanography, 海洋學)
③ 수로학 (Hydrography, 水路學)
④ 하천학 (Potamology, 河川學)
⑤ 호소학 (Limnology, 湖沼學)
⑥ 결빙학 (Cryology, 結氷學)
⑦ 수문지질학 (Hydrogeology, 水文地質學)

수문학의 응용분야는 다음과 같다.

① 수리학 (Hydraulics, 水理學)
② 하천공학 (River Engineering, 河川工學)
③ 위생공학 (Sanitary Engineering, 衛生工學)
④ 수자원공학 (Water resources Engineering, 水資源工學)
⑤ 해양공학 (Ocean Engineering, 海洋工學)
⑥ 해안공학 (Coastal Engineering, 海岸工學)
⑦ 지질수문학 (Geohydrology, 地質水文學)
⑧ 농업경제학 (Agronomy, 農業經濟學)

이외에도 수많은 공학 분야에 응용되고 있으므로 공업수문학이라고도 한다.

1.3. 물의 순환

지구가 만들어지는 과정에서 물은 최초로 생긴 물질 중 하나이다. 지구상에 물이 어떠한 방식으로 생겼냐는 물음에는 여러 가지 가설이 존재하지만 현재로는 태양계에서 지구가 형성되는 과정에 얼음 등 수분이 포함된 수많은 운석 등으로부터 유입되었다는 것이 일반적으로 추정되고 있다.

물의 순환(hydrologic cycle or water cycle)은 수분이 해양에서 대기, 육지, 다시 바다로 이동하는 끊임없는 순환과정을 말한다. 이 과정 중에는 부수적인 물의 순환이 존재하는데, 내륙수가 증발되어 바다로 되돌아오기 전에 강수로 되는 경우가 한 예이다. 지구상에서의 물의 순환 개념은 수문학을 연구하는데 있어서 대단히 편리하고 유용한 개념이어서 수문학은 물의 순환과정을 각각 구명하는 학문이라 할 수 있다. 이러한 물의 순환과정을 모식적으로 그린 것이 그림 1.1과 같고, 각 과정은 다음과 같다.

• 물의 순환과정

- 증발 (evaporation, 蒸發)
- 증산 (transpiration, 蒸散)
- 강수 (precipitation, 降水)
- 차단 (interception, 遮斷)
- 침투 (infiltration, 浸透)
- 침루 (percolation, 浸漏)
- 저류 (storage, 貯溜)
- 유출 (runoff, 流出)

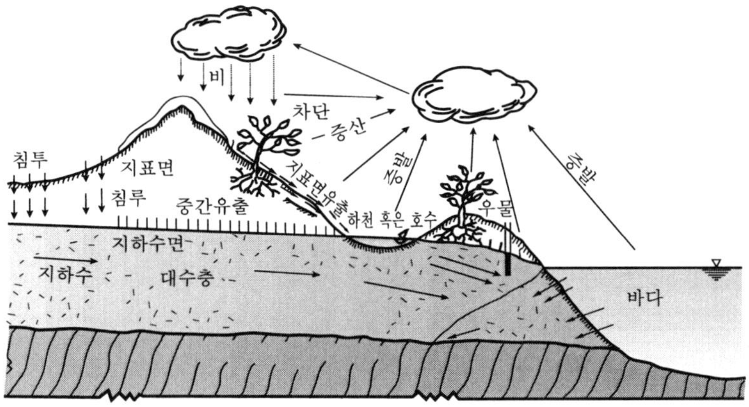

그림 1.1 물의 순환

물의 순환 일부분을 나타내는 각 과정을 통과하는 수량에 대해서는 수문방정식 혹은 수지방정식(hydrological equation)이라 부르는 다음 식이 성립한다.

$$I - O = \frac{\Delta S}{\Delta t}$$

여기서 I 는 임의 기간 내의 유입수량,
O 는 같은 기간의 유출수량,
$\frac{\Delta S}{\Delta t}$ 는 단위시간에 따른 저류량의 변화를 나타낸다.

수문방정식은 일반적으로 연속방정식(continuity equation)이라 부르는 것과 같으며 수문학 문제 해석을 위해서 기본이 되며, 물의 순환과정을 물수지 방정식으로 나타내면 다음과 같다.

강수량(P) ⇔ 유출량(R) + 증발산량(E) + 침투량(C) + 저류량(S)

[그림 1.1]과 같은 물의 순환과정은 각각의 성분과정으로 물의 이동이 일정한 비율로 연속되는 것은 결코 아니다. 즉, 물의 순환과정을 통한 이동은 일반적으로 시간적 및 공간적인 변동성을 가지며, 때로는 강수가 매우 크게 발생하여 하천의 통수능력을 초과함으로써 홍수를 발생시키기도 하며 반대로 장기간동안 강수가 전혀 없어서 하천유출이 중단되는 가뭄을 겪게 되기도 한다. 또한 인접한 지역임에도 물의 순환 상황이 크게 다른 경우도 대단히 많다. 물의 순환과정이 이와 같은 시간적 및 공간적인 변동성을 극복하기 위한 인위적인 수단으로 각종 수공구조물이 건설되는 것으로 수문학을 연구하는 연구자 및 실무에 적용하는 기술자가 가장 관심을 가지는 부분은 물의 극한적 과다 및 과소 현상인 홍수와 가뭄이라 하겠다. 홍수와 가뭄의 궁극적인 원인은 기상학(meteorology) 분야에서 주로 취급하고 있으나 수문기술자로서도 최소한의 이해를 필요로 한다.

1.4 수문학의 역사적 발달과정

고대의 철학자들은 바다에서 대기로, 대기에서 육지로, 다시 바다로 운반되는 끊임없는 물 순환의 여러 단계에 있어서 물의 기원과 발생에 관련된 모든 현상과 지표면유출의 생성에 대한 진행과정에 관심을 두고 추정을 하였다. 이러한 추정은 대부분이 잘못된 것으로 밝혀졌는데, 예를 들면 Homer는 깊은 우물, 샘, 바다 및 하천 등에 물을 공급하는 거대한 저수지가 땅속에 존재한다고 믿었다. 그러나 Marcus Vitruvius는 현대 물 순환 개념의 효시로 볼 수 있는 이론을 수립하였는데, 산지의 강우나 강설은 지구표면에 침투한 후에 저지대에서 샘이나 하천수로 나타난다는 가설을 제안하였으며 오늘날의 지하수 이론과 유사함을 보여주었다. [표 1.1]과 [표 1.2]는 국외 및 국내의 수공기술 및 수문학의 역사를 연대별로 기술하였다.

20세기 초반까지 주로 물의 순환을 구성하는 각 과정의 이론적 정립과모형화에 치중하여 연구가 이루어져 왔으나, 1950년 이후 현재까지는 각 과정간의 관계를 종합하여 물의 순환과정을 일체로서 모형화하는 이른바 확정론적 수문모형화 기법(determinstic hydrologic modeling)과 설계 수문량의 확률론적 및 추계학적 결정을 시도하는 연구가 활발하게 이루어졌다. 즉 1950년 이후 수문학 문제의 이론적인 연구방법은 과거의 철학적인 방법에서 벗어나 새로운 방법이 모색되었는데, 과학적 지식의 진보는 물리수문학의 기초를 더 잘 이해할 수 있도록 했고, 고속전자계산기의 출현과 계속적인 발전은 과거의 광범위하고 방대한 수학적 계산에서 시간과 노력을 절약하게 됨으로써 실제적인 면에서나 경제적인 면에서 해석을 가능케 했다. 인력, 모델, 방법 및 기계들의 이용에 있어서 더욱 이상적인 방법의 실현이 가까운 장래에 가능하게 될 것이다.

표 1.1 국외의 수공기술 및 수문학 발달

시대	연대 및 인물명	수공기술	수문학
서기 이전 고대	Homer(B.C. 1000)		· 물 순환의 개념이 나타남.(Iliad book)
	Thales(B.C. 650)		· 샘 · 하천수의 기원을 바다로 봄
	Plato(B.C. 427~347)		· 모든 물은Tartarus라는 끝없는 구멍과 계속 순환된다고 봄
	Aristotle(B.C. 384~322)		· 지하 응결이론 발전
고대 그리스			· 바닷물과 지하 대기가 지하 터널을 통해 샘 · 하천이 된다고 생각
로마 중세	Lucretus(B.C. 95~52)		· sea-water에 대한 개념
	Pliny(A.D. 23~79)		· Aristotle의 응결이론 발전
	Seneca St. Jerome (A.D.340~420)		· 우물을 바다의 근원으로 봄
	Marcuse Vitruvius		· 지하수는 비와 눈이 땅속으로 침투해서 생긴다는 것을 발견
	Reonardo da Vinci (1452~1519)		· 자연현상을 관측,수문순환에 과해 정확히 인식
	Bernard Palissy (1509~1589)		· 자연을 관측하고 이를 바탕으로 이론을 정립
	Pierre Perrault (1608-1680)	강우측정기구 개발	· Seine강 강우유역 측정,유역의 강우량 계산
	Edme Mariotte (1620-1684)	부표법을 사용한 유속측정 기구 발명	· Seine강의 유출량 계산
	Edmund Halley (1656-1742)		· 증발을 관측, 지중해의 증발량 계산
	Giovanni Cassini (1625-1712)		
	Bernadini Ramazzini	기압계 발명	· artesian pressure 이론의 선구
	Antonio Vallisnieri	현대 수리학의 기초	
	Torricelli		
	Bernoulli	siphon이론 제안	· 파력을 이용하는 기구 발명
	Bernard Forest	수리학 이론의 수학분야에 기여	
	Belidor(1697-1761)		
	J.T.Desaguliers (1683-1744)		
	James Jurin (1684-1750)		

시대	연대(서기)	수공	수문
	Jean D'Alembert (1717-1776)		
	Antoine de Chezy (1775)		· 하천의 유속이 수면경사에 따라 다양하게 변한다고 발표 Chezy 공식으로 알려진, 하천의 수면경사와 유속사이의 관계식을 발표
	Dubat(1779)		· 물입자의 관성력은 전적으로 수면의 경사에 의하며, 저항력은 물과 하상의 마찰력에 의해 생긴다는 이론을 정립
	La Metherie(1791)		· Mariotte의 연구결과를 보완 확장시킴 ; LaMetherie는 여러 가지 종류의 암 석에 대한 침투율을 조사함.
	Giovanni Venturi (1798)		· 벤튜리 미터를 개발하는 데 토대가 되는 fluid vein의 수축에 관한 실험을 함.
	Herschel(1886)		· 벤튜리 미터 개발
19C초	William Smith		· 지질학을 수문학에 적용시킴.
	Escher de la Linth (1809~1821)		· 라인강 상류의 연간유량을 계산함.
	Defontaine (1820~1833)		· 라인강과 그 지류에 대한 일련의 측정을 실시함.
	Venturoli (1825~1836)		· Tiber강의 일 유량을 측정함.
	Baumgarten (1837~1846)		· Garonne 강에 대한 일련의 관찰과 측정을 실시함.
	Baron Cornelius Krayenhoff(1813)		· 네덜란드의 지형과 수로지형에 대한 광범위한 측정자료를 출판함.
	Dalton(1802)		· 여러 종류의 흙에 대한 물의 침투량을 구하기 위해 lysimeter를 사용해 실험한 결과를 출판함.
	Dewitt Clinton (1817~1820)		· 호수, 수로, 강에 대한 수문학적인 연구를 광범위하게 실시
19C중반	Nathaniel Beardmore(1850)		· "Manual of Hydrology" 를 출판함.
	John Fletcher Miller(1849)		· 고도와 유출과의 관계, 우량계의 고도에 따른 영향 등에 관한 논문을 발표
	Lorin Blodger(1857)		· "미국의 기후학"을 출판
	J.B.Francis(1855)		· 웨어를 월류하는 유량에 대한 다량의 실험결과를 출판
	Robert Manning (1890)		· Chezy의 공식을 얻기 위한 다른 공식을 제안

시대	연대(서기)	수공	수문
19C말	Adolph Thiem(1870) 1870 Powell(1870) 1870~1900 T.G.Ellis(1871~1874) Thomas C.Chamberin (1873~1879) 1878~1884 1879 1881~1888 Powell(1890) 1890~1900 1891 19C말 20C초		· 지하수 흐름을 현장에서 측정하는 방법에 대한 논문을 발표, 지하수 수문학에 기여 · 영국 ; William Whittaker Horace B.Woodward · 네덜란드 ; W.Badon Ghyben (염수균형의 법칙발견) Eugene Dubois J.Pennink J.Versluys · 벨기에 ; Rene D Andrimont (담수와 염수의 관계 연구) · 스웨덴 ; Albert Heim과 Arnold Engler (물공급의 예보관계 연구) · 이태리;D.Spataro,G.Cuppari, M.Canavari · 스웨덴;G.Garcia · National Weather Service설립 · 수자원 자료와 물공급 지식의 중요성 인식 · 지하수 공급에 대한 연구 활발 · Ellis흐름계 발명,rating table작성 · artesian조건에 대한연구 · 흐름측정계획 착수 (캘리포니아,12점 측정) · 미국지질학조사부 창설 유량측정(콜로라도) · Rio Grande 강에 유량관측소 설치 (전국적 계획의 시초) · artesian조건과 건조지역의 전망에 대해 관심을 가짐 · 지하수에 관한 연구논문 발표 (Robert T.Hill, Israel C. Russel, Nelson H. Darton, Frank Leverett, William H. Norton) · The U.S. Weather Bureau 설립 · 지하수의 수리학적 위상 연구(Allen Hazzen, Franklin H. King, Charles S. Slichter) · 지하수의 활발한 연구 (Walter C. Mendenhall, Arther C. Veatch)
현대	1919 1924 1926 1933		· International Union of Geodesy and Geophysics설립(브리셀) (Sectidn of Scientific Hydrology 설립; 1922, Section of Hydrology 설립; 1930) · 최초로 All-Russian Hydrologic Conference 개최(레닌그라드) · 최초로 Baltic Hydrologic Conference개최 (Riga) · Mississippi Valley Committee설립

표 1.2 한국수공 및 수문기술 발달연대표

시대	연대(서기)	수공	수문기술
삼국시대	다루왕(백) 6년 (33)	경작의 시작	
	다루왕(백) 40년(67.6)		큰 비,한강범람
	다루왕(백) 40년(67.7)	수해전 보수	
	걸해왕(신) 21년(330)	저수지 축조	
	법흥왕(신) 23년(530)	빙천의 정제 축조	
	~진평왕 18년(596)		
고려시대	광종 24년(978)	진전개간	
	문종 7년(1053)	홍수진 보수	
	목종 원년(1106)	송악에 식수	수일간 비가 옴
이조시대	태종 4년(1395)	수문설치	
	태종 14년(1414)	치수 설비의 조사	
	태종 15년(1415)	벽골제 보수	
	세종 2년(1420)		대홍수
	세종 23년(1441)		강우 측정기계 필요성 인식
	세종 24년(1442)		(측우기 원형 사용)
	중종 31년(1536)	경기도 광주의 대항에 사	측우기 사용
	선조 35년(1602)	방공사	하천 유사량 측정
	인조 21년(1643)	선천에 수도 개착	
	현종 3년(1662)	제방 축조 공법	측우기 전국 설치
	영조	기록으로 나타남	1일 측정횟수를 3회로 늘림
	정조 15년(1791)		(이전 1일 2회)
	정조 22년(1798)	siphon식 도수관 공법	강우, 침투, 유출에 관한 개념 발생
	정조 24년(1800)		
	철종 5년(1854)	혜정제 완성	관상강에서 월계도 보고
일제시대	1915~1928	하천 개수 실시	제1기 하천조사 (기상조사,하천상황조사,양수표,우량계 설치,위치조사) 한강홍수량관측 (1923,1925) 제 2기 하천 조사

1.5 지구상의 수자원

지구표면은 해면이 지면보다 훨씬 넓게 분포되고 있으며 수자원의 부존량도 해수가 약 97.5%이며 담수는 약 2.5%에 불과하다. 수자원 가운데 우리들이 주로 이용하는 담수자원은 하천수나 호수를 생각할 수 있으며, 전체 수자원에 비하면 대단히 미소한 양이나 이수의 측면에서 볼 때 대단히 중요한 수자원이다. 지구상의 수자원 부존량을 요약하면 [표 1.3]과 같다. 개략적으로 지구 전체 수자원 부존량의 크기는 해수, 빙하, 지하수, 하천 및 호소수 순서로 정리할 수 있다.

표 1.3 지구 전체의 수자원 부존량

물의 부존 상태		면 적 (km^2)	부 피 (km^3)	비 율	
				수자원 부존량(%)	담 수 부존량(%)
바다		361.3×106	1,338×106	96.5	-
지 하 수	총량	134.8×106	23.4×106	1.7	-
	담수	134.8×106	10.5×106	0.76	30.1
토 양 수 분		82.0×106	16.5×106	0.001	0.05
빙 하		16.2×106	24.1×106	1.74	68.7
만 년 설		21.0×106	0.3×106	0.022	0.86
호 수	담수	1.24×106	91×103	0.007	0.26
	염수	0.82×106	85.4×103	0.006	-
늪		2.68×106	11.5×103	0.0008	0.03
하 천		148.8×106	2.12×103	0.0002	0.006
대기중의 수분		510.0×106	14.0×103	0.0011	0.043
총계	총량	510.0×106	1,386×106	100.0	-
	담수	148.8×106	35.03×106	2.53	100.0

1.6 우리나라의 수자원

우리나라는 대륙으로부터 돌출된 반도로 형성되어 있어 기상의 성격이 반대륙성 및 반해양성으로 계절풍과 태풍의 영향을 많이 받는 지대에 속하고 있으므로 계절적으로 강우차이가 극심한 것이 특징이다.

연평균 강우량은 1,274mm로서 세계평균의 970mm에 비하여 1.3배로 비교적 많은 편이나 용수면에서 보면 인구밀도가 조밀한 관계로 인구 1인당 연간 총우량은 약 3,000m^3로서 세계평균 약 34,000m^3의 1/11밖에 되지 않으므로 매우 적은 편에 속하므로 UN에서는 우리나라를 물부족국가로 분류한다.

우리나라는 국토의 대부분이 산지이며 평야부는 적고 하천의 유속은 빠르고 격한 편이다. 연평균 강우량의 2/3가 우기인 6, 7, 8, 9월에 편중하여 집중강하하는 기상특성으로 수해와 가뭄 등 재해를 당하기 쉬우며, 강우량은 대부분 홍수로 유출되어 평상시 유출에 총 수자원양이 23%밖에 되지 않으므로 하천수 이용율이 매우 낮은 불리한 자연적 여건을 가지고 있다. 이러한 하천에서 최대유량과 최소유량의 비를 하상계수라고 하며 우리나라의 경우 하상계수가 매우 높아 관리하기가 힘들다.

또한 지하수의 부존량은 1조 3,240억 m^3로 추산되고 있으나 지하수가 부존하고 있는 대수층이 얇고 사전 조사 및 개발에 있어서 기술적 경제적 타당성이 희박한 편에 속한다. 또한 유역별 수자원 부존량과 용수수요가 균형을 이루지 못하고 있기 때문에 광역 용수 개발이 불가피하며, 관정 등 소규모 이외의 지하수 개발은 기대하기 어려운 실정이다.

이와 같은 여건 하에 있는 우리나라의 월별 평균강수량은 [그림 1.2]와 같다.

한편, 우리나라 전역에 내리는 연간 강수량인 약 1,274mm를 환산하면 약 1,267억 m^3에 달하는 수량이며 우리나라의 연평균 수자원 부존량이라 할 수 있다. 이를 주요하천 유역별로 나누어 보면 한강이 335억 m^3, 낙동강이 285억 m^3, 금강(만경강 포함)이 147여 m^3, 섬진강이 71억 m^3, 영산강이 45억 m^3, 안성천이 22억 m^3, 삽교천이 20억 m^3, 그리고 기타 유역이 342억 m^3로 구분된다. 이 수자원 중 바다로 유입되기 이전에 연평균 570억 m^3가 증발, 침투, 지하수 등으로 손실되고 하천을 통하여 유출되는 양은 약 55%인 697억 m^3인 것으로 추정하고 있다.

[표 1.4]는 우리나라 주요하천 유역별 수자원 부존량과 손실량 및 유출량, 그리고 유출률 등을 표시하고 있다.

또한 우리나라의 수자원 부존량과 이용현황을 구성한 것이 [그림 1.3]과 같고, 이를 기초로 수자원의 장기수급계획을 사전에 세워 물의 수요를 충족시킬 수 있도록 공급원을 개발해 나가고 관리를 철저히 해야 물 부족 문제를 해결할 수 있다.

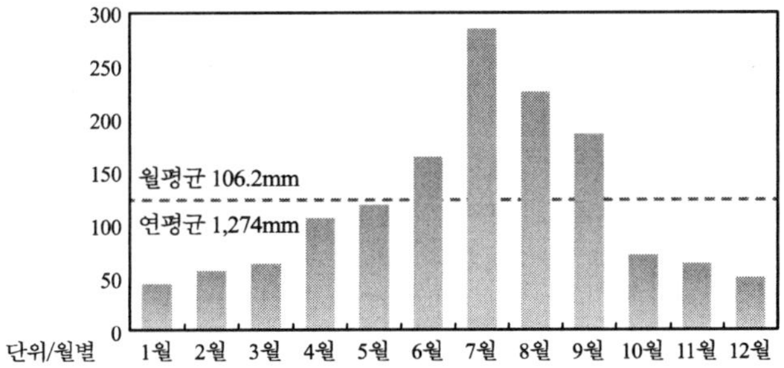

그림 1.2 우리나라의 월별 평균강수량(수자원공사)

표 1.4 우리나라 유역별 수자원 부존량(수자원공사:1998년)

구분	단위	전국	한강	낙동강	금강	영산강	섬진강	안성천	삽교천	만경강	동진강	형산강	기타
면적	km^2	99,475	26,219	23,817	9,805	3,371	4,943	1,7202	1,612	1,571	1,000	1,167	24,248
연평균 강수량	mm	1,274	1,287	1,167	1,268	1,320	1,416	1,278	1,255	1,278	1,314	1,087	1,370
물자원 부존량	백만m^3	126,700	33,740	27,790	12,430	4,450	7,000	2,200	2,020	2,010	1,310	1,270	31,780
손실량	백만m^3	57,000	14,360	13,840	6,230	1,860	3,170	950	900	920	610	620	18,430
유출량	백만m^3	69,700	19,380	13,950	6,200	2,590	3,830	1,250	1,120	1,090	700	650	13,350
유출률	%	55	57	49	49	57	54	57	55	54	53	51	58
홍수기 유출량	백만m^3 (%)	46,700 (67)	13,090 (68)	9,570 (69)	4,120 (66)	1,650 (64)	2,550 (67)	900 (72)	800 (72)	750 (69)	480 (69)	420 (65)	7,740 (58)
비 홍수기 유출량	백만m^3 (%)	23,000 (33)	6,290 (32)	4,380 (31)	2,080 (34)	940 (36)	1,280 (33)	350 (28)	320 (29)	340 (31)	220 (31)	230 (35)	5,610 (42)

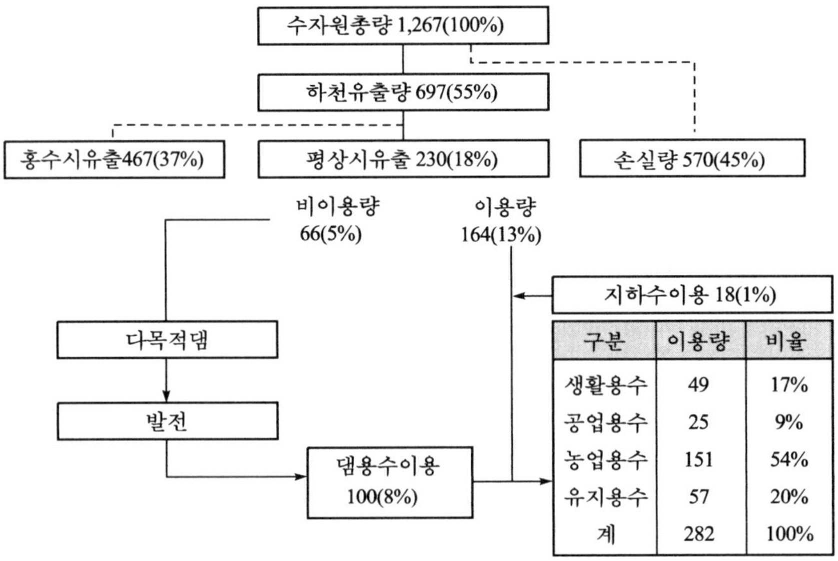

그림 1.3 우리나라의 수자원 부존량과 이용현황(수자원 공사)

1.7 수문학에 필요한 자료

수문자료로는 강수, 하천유출, 증발, 증산, 토양수분, 적설량, 침수, 수질, 기온, 토양온도, 수온 등이 수문시스템의 변수와 성분을 설명하기 위하여 필요하다. 즉 수문학적 계획의 설계와 분석에 있어서는 반드시 충분한 자료와 기록기간이 필요하므로 수문학의 연구에 있어서 다음과 같은 기초자료가 필요하다.

(1) 기후
(2) 수문기상 : 온도, 습도, 풍속 등
(3) 강우기록
(4) 유량기록
(5) 지하수대의 계절적 변화
(6) 증발산
(7) 농경형태
(8) 지표하천과 지하수의 수질
(9) 유역의 지형학적 특성 : 유역면적, 유역의 형상, 평균경사, 중앙고도, 평균온도, 하천밀도, 배수밀도, 저수지 또는 호수 등
(10) 수문기상특성
  ① 연평균강우량, 장기간의 강우
  ② 극한호우에 대한 DAD해석
  ③ 월별 및 연별 등우선도
  ④ 유역의 수표면으로부터 일, 월, 연간 증발량
  ⑤ 유역의 물수지 관계 연구
  ⑥ 홍수시 위험한 하천에 의한 유역에서 상습적인 문제
  ⑦ 토양보전과 홍수조절의 방법

1.8 수문학의 응용 및 장래

인간이 생활하는 데 있어서 물은 절대 필수적인 것이긴 하지만 때로는 개인이나 사회 및 지역주민의 건강과 복지를 위협하기도 한다. 또한 물은 필수 불가결한 것이자 수해의 잠재력 가지고 있기 때문에 물의 효과적인 관리는 우리 사회의 중요한 당면과제인 것이다.

사람들은 물을 음료수와 취사, 세탁, 목욕 등에 다양하게 사용한다. 또한 산업, 농업 등과 기타 응용분야에도 사용하고 있다. 1976년도 미국 도시에서의 일평균 물사용량은 약 165[gallon]이며, 이 수치는 100년 전에 비해 3배나 되는 양이다. 가까운 장래에도 기술의 발달과 관리정책의 개선으로 조정이 되겠지만 그 증가율은 계속될 것이며, 시골로부터 도시로의 인구이동에 따른 도시의 인구집중현상 또한 물사용량 증가의 주요 원인이 되고 있다.

또한 물은 가정생활뿐만 아니라 공업, 농업, 상업, 여가생활 및 예술분야에서도 필요한 중요자원이다. 다목적 수자원개발계획 중에서 위락시설을 위한 수자원개발계획은 가장 중요한 분야의 하나이며 이런 추세는 계속 증가될 것이다.

환경의 특성에 대한 국가적 차원의 관심이 그 나라의 수자원에 상당히 집중되고 있으며, 수자원계획과 관리 및 환경개선의 기술개발에 한층 노력하여야 한다. 즉 인간의 가치 및 사회적 차원에서 다루어져야만 한다. 동시에 우리가 반드시 다루어야 할 물에 관한 문제를 완전히 이해한다면 그와 같은 효과적인 계획 및 관리를 가능하게 할 수 있을 것이다. 이것이 수문학자들이 해야 할 의무이다. 합리적인 수리학적모델은 예상되거나 이미 알고 있는 조건하에서 수문시스템의 자료를 추정하고 예측하기 위하여 필요하다. 댐, 배수계통, 수로 등의 설치와 같은 물리적인 작업의 영향은 공사가 시작되기 전에 충분히 파악하여야 한다. 수문학자들은 보다 합리적으로 유지, 관리되는 환경을 추구할 수 있도록 중요한 역할을 해야 한다. 그들의 능력은 규모에 관계없이 모든 수자원 활동에 상당한 영향을 끼칠 것이다.

따라서 수문학적 구성요소를 설계모델의 이용과 효과적인 계획을 위해 다룰 수 있는 방법과 수문시스템의 기본적인 이해를 돕고자 하는 것이 이 책의 취지이다.

문명의 발달은 자유롭게 사용할 수 있었던 물을 경제적인 자원의 하나인 수자원으로 변신시켰으며 그 중요성을 증대시켜 왔다. 현대의 문명이 장차 더 발달할 것을 확신한다면 우리 인류가 존재하는 한 수자원 개발 및 관리사업은 더욱 더 확대될 것이며 이러한 사업을 가장 경제적이고 효율적으로 계획하기 위해서는 수문학분야의 지속적인 발전이 필요불가결하게 될 것이므로 수문학의 장래는 매우 밝다고 생각된다.

핵심용어 및 내용

1. 물의 순환 :
   증발 → 구름의 생성 → 강수 → 차단 → 증산 → 침투 → 침루 → 유출

2. 지구상의 수자원 : 해수 〉 빙하 〉 지하수 〉 하천 및 호소
   (해수 약 97.5%, 담수 약 2.5%)

3. 우리나라의 수자원 :
   - 연평균 강우량은 1,274mm로서 세계평균의 970mm에 비하여 1.3배로 비교적 많은 편이나 용수면에서 보면 인구밀도가 조밀한 관계로 인구 1인당 연간 총우량은 약 3,000 m^3로서 세계평균 약 34,000 m^3의 1/11밖에 되지 않으므로 매우 적은 편에 속하므로 UN에서는 우리나라를 물 부족국가로 분류.
   - 국토의 대부분이 산지이며 평야부는 적고 하천의 유속은 빠르고 격한 편.
   - 연평균 강우량의 2/3가 우기인 6, 7, 8, 9월에 편중하여 집중강하하는 기상특성, 강우량은 대부분 홍수로 유출되어 평상시 유출에 총 수자원 양이 23% 즉 하천수 이용률이 매우 낮은 불리한 자연적 여건.
   - 하천에서 최대유량과 최소유량의 비를 하상계수라고 하며 우리나라의 경우 하상계수가 매우 높아 관리하기가 힘듦.

4. 수문학에 필요한 자료
   (1) 기후(2) 수문기상 : 온도, 습도, 풍속 등 (3) 강우기록
   (4) 유량기록 (5) 지하수대의 계절적 변화(6) 증발산 (7) 농경형태
   (8) 지표하천과 지하수의 수질
   (9) 유역의 지형학적 특성 : 유역면적, 유역의 형상, 평균경사, 중앙고도, 평균온도, 하천밀도, 배수밀도, 저수지 또는 호수 등
   (10) 수문기상특성
   ① 연평균강우량, 장기간의 강우 ② 극한호우에 대한 DAD해석
   ③ 월별 및 연별 등우선도 ④ 유역의 수표면으로부터 일, 월, 연간 증발량
   ⑤ 유역의 물수지 관계 연구 ⑥ 홍수시 위험한 하천에 의한 유역에서 상습적인 문제
   ⑦ 토양보전과 홍수조절의 방법

되짚어 보기

1. 수문학의 정의
2. 물의 순환과정을 구성하는 8가지와 그림을 활용하여 간단하게 설명하시오.
3. 물수지방정식
4. 지구상의 수자원에서 총수량(부존량)에 따른 크기 순서를 나열하시오.
5. 우리나라가 물 부족국가로 분류되는 사유를 설명하시오.
6. 우리나라 강수량의 시간적 변화에 대하여 설명하시오.
7. 우리나라의 지형에 따른 강수량변화 및 하천특성을 설명하시오.
8. 수문학에 필요한 자료에서 수문기상에 필요한 자료를 쓰시오.

CHAPTER 02

수문기상

CHAPTER 02 수문기상

Hydrologic weather

2.1 서론

한 지역의 수문학적인 특성은 그 지역의 기후와 지질구조에 따르며 수문학적 특성에 중요한 영향을 미치는 기상인자로서 강수 및 증발산의 양과 이에 대한 시간적 및 공간적 분포에 영향을 미치는 기온, 습도, 바람 등이다. 그러므로 수공구조물의 효율적인 설계, 관리 및 운영을 위해서 수문특성에 직접적으로 영향을 주는 수문기상학(hydrometeorology)에 대한 이해가 필요하다.

수문기상학은 정확한 정의를 내리기는 어려우나 기상학 중에서 지구상의 수자원과 관계되는 대기의 현상을 연구하는 학문이며 일반적으로 강수가 지상에 도달하기 이전까지의 대기현상을 다루고 있다. 한 지역의 수문기상은 그 지역의 기후와 지형 및 지질에 의하여 지배된다. 기후는 지구상에서 그 지역의 위치에 따라 결정되며 중요한 과정인 증발과 증산에 영향을 미친다. 지형인자는 강수의 형태나 강수량 분포에 영향을 미치고 유출율의 크기에 결정적인 요소가 된다. 한편 지질인자는 한 지역의 지형 상황을 지배하고 지하수를 형성하는 대수층의 구성에 큰 영향을 미친다.

이와 같은 수문기상을 수문특성과 각 인자별로 정리하면 다음과 같다.

① 관련 수문특성 : 최대 가능강수량, 홍수 및 강수예보, 최대 풍속, 최대 파고
② 기상학적 인자 : 강수, 습도, 기온, 태양에너지, 바람(증발과 증산에 영향)
③ 지형학적 인자 : 강수량 분포, 유출율의 정도
④ 지질학적 인자 : 대수층의 구조

2.2 대기

대기(atmosphere)는 지구 주위에 약 100km두께로 독특한 보호층의 역할을 하면서 형성되어 있다.

공기압력(대기압)과 밀도는 고도의 증가에 따라 급격하고 연속적으로 감소하며 온도는 불규칙하게 변화한다. 대기의 층인 영역(spheres)은 온도변화에 의해 정의되는데, 일반적으로 온도는 대류권(troposphere)을 통하여 감소한 후 20~50km높이에서 온도가 증가하게되며 그 이유는 단파 태양복사의 소멸, 열과 같은 에너지의 방출을 하는 오존층 때문이다.
수문학을 연구하는 입장에서 대류권은 대기무게의 75%를 차지하고 사실상 모든 수분을 포함하기 때문에 대단히 중요한 층이다. 기상학자는 성층권과 중간권에 관심을 가지므로 수문기상과는 약간의 차이가 있다고 하겠다.
권계면(tropopause)의 높이는 대류권과 성층권 사이의 경계층으로 그 두께는 8~16km이고 평균적으로 약 11km이다. 계절적인 변화는 대기권에서의 공기 온도와 압력의 변화에 기인한다. 일반적으로 표면 온도가 높을 때 해수면압력은 높으며, 평균적으로 지표면으로부터 권계면까지 온도는 고도증가에 따라 6.5℃/km의 비율로 감소하는데 이를 체감율(lapse rate)이라 한다.

2.3 기온

기온(atmospheric temperature)이란 대기의 온도를 말하며 일반적으로 지상 1.2~2.0m의 높이에서 측정한다. 기온은 보통 섭씨(℃, celsius temperature)로 표시되며 화씨(°F, fahrenheit temperature)와의 관계식은 다음과 같다.

$$℃ = \frac{5}{9}(°F - 32)$$

기온의 측정은 온도계(thermometer)를 사용하는데 최고 및 최저 기온을 측정하는 최고온도계, 최저온도계가 있으며, 24시간 연속적으로 기온을 기록하는 자동기록온도계(self recording thermometer)도 있다.
온도를 정확하게 측정하기 위해서는 비교적 통풍이 잘되고 직사광선을 직접 받지 않는 나무상자에 온도계를 설치한다. 기온은 일정지점에서 시간에 따라 변화하며 기온의 일변화에 있어서는 최고기온과 최저기온이 나타나는 시간 및 일교차가 중요한데 그 원인은 지면이 받는 일사량과 지면복사량이 시간에 따라 다르기 때문이다.
일평균기온의 산정방법에는 매시간 기온을 산술평균하는 방법, 3~6시간 기온을 평균하는 방법, 1일 최고온도와 최저온도를 평균하는 방법 등이 있으며, 이 중 최고온도와 최저온도를 평균하는 방법을 많이 쓰고 있다. 정상기온(normal temperature)은 특정일, 월, 계절 혹은 년에 대한 일정기간 동안(약30년)의 산술평균값으로 정의된다. 정상일평균기온(normal daily temperature)은 측정일의 일평균기온을 최소한 30년이상으로 산술평균한 기온을 의미하며, 월평균온도는 월평균기온 중 최고치와 최저치를 평균한 기온을 말한다. 연평균온도는 해당되는 해의 월평균기온의 평균값으로 정의된다.
일반적으로 지구 표면에서의 기온은 적도 부근에서 가장 높고 양극지방으로 갈수록 낮아지나 이러한 성향은 육지와 바다의 분포라든지 지형, 식생의 피복 등에 의해 영향을 받는다.
또한 기온이 지면으로부터 연직방향으로 감소해지는 비율을 기온의 연직방향 변화율(lapse rate)이라 하고 온도변화율이 가장 심한 곳은 지표면 부근이다. 고도가 높아짐에 따라 대기압은 낮아지므로 단위 질량에 따른 공기가 차지하는 체적은 더욱 증가하며 이에 따른 온도저하는 주위 공기가 건조할 경우 고도 100m당 약 1℃정도이고 이러한 온도 변화율을 건조단열온도변화율(dry-adiabatic lapse rate)이라 한다.
기온의 시간적 변화는 주로 일변화와 연변화로 볼 수 있으며 기온의 24시간중의 변화는 일출직전에 최저기온을 나타내고 태양의 고도에 따라 점차 상승하여 15시 전후에서 최고기온을 나타낸다. 우리나라 기온의 연변화는 1월이 가장 낮아 월 평균기온이 영하 1~5℃이며 7~8월이 가장 높아 영상 22~26℃이다.
[표 2.1]은 기상청에서 작성한 우리나라 주요관측지점의 정상 월 평균온도(1951~1980년)를 나타내고 있으며 대체로 7월 또는 8월의 평균기온이 최대이고 1월 평균기온이 최저임을 알 수 있다.
[표 2.2]는 우리나라의 주요관측지점별로 기록상의 일 최고 및 일 최저기온을 수록하고 있다.

표 2.1 우리나라의 월평균기온(℃)

관측점 \ 월	1	2	3	4	5	6	7	8	9	10	11	12	연평균
춘천	−4.9	−2.5	3.5	11.2	16.9	21.1	23.7	24.2	18.6	11.9	4.6	−2.4	10.4
서울	−3.5	−1.1	4.1	11.4	17.1	21.1	24.5	25.3	20.5	13.9	6.6	−0.6	11.6
울릉도	0.7	1.2	4.6	10.1	15.3	18.3	22.3	23.7	19.7	14.9	9.4	4.1	12.0
수원	−3.6	−2.0	3.4	10.9	16.4	20.7	24.5	24.9	19.8	12.8	5.6	−1.5	11.0
대전	−2.1	−0.3	4.3	11.9	17.1	21.4	24.9	25.1	20.1	13.3	6.1	−0.2	11.8
포항	0.7	2.5	6.6	12.3	17.3	20.5	24.4	25.2	20.8	15.5	9.5	3.4	13.2
대구	−0.9	1.2	6.2	12.6	18.1	21.9	25.6	26.1	20.8	14.8	8.0	1.7	13.0
광주	−0.2	1.4	5.8	12.3	17.5	21.5	25.5	26.2	21.2	14.9	8.5	2.6	13.1
목포	1.3	2.3	5.9	11.8	16.9	20.7	24.8	26.2	22.0	16.5	10.2	4.3	13.6
부산	2.2	3.8	7.7	12.7	17.1	20.0	23.9	25.5	21.8	17.0	11.1	5.1	14.0
제주	5.2	5.6	8.4	13.0	16.9	20.7	25.5	26.4	22.4	17.4	12.3	7.7	15.1

*기상청자료

표 2.2 우리나라의 일 최고 및 최저기온 사례

관측점 \ 구분	일 최고기온		일 최저기온	
	기온	발생일	기온	발생일
춘천	36.6	72. 7. 21	−27.9	69. 2.6
서울	38.2	43. 8. 24	−23.1	27.12. 31
울릉도	34.5	51. 8. 13	−12.1	57. 2. 11
수원	35.2	78. 7. 27	−25.8	69. 2.6
대전	35.3	77. 7. 29	−19.0	69. 2.6
포항	37.9	78. 7.6	−14.4	70. 1.5
대구	40.0	42. 8.1	−20.2	23. 1. 19
광주	37.9	39. 7. 21	−19.4	43. 1.5
목포	37.0	24. 8. 18	−14.2	15. 1. 13
부산	36.0	44. 8. 30	−14.0	15. 1. 13
제주	37.5	42. 7. 25	− 6.0	77. 1. 16

*기상청자료

2.4 습도

습도(humidity)란 대기 중의 공기가 함유하게 되는 수분의 양을 표시하는 정도로서 물의 순환 과정 중 중요한 성분과정인 증발과 증산현상에 큰 영향을 미치는 기상인자이다. 습도는 단위체적 안에 포함되어 있는 수분의 절대량을 중량으로 표시하는 절대습도가 있으나 일반적으로는 상대습도가 많이 사용된다.

대기 중에 존재하는 수증기(water vapor)의 수분은 현존하는 다른 기체들의 양에 비해 매우 적은 양이지만 기상조건을 지배하는 매우 중요한 역할을 하며, 강수는 이러한 대기수(atmospheric water)로부터 얻어진다. 공기의 습도 또한 그 지역의 증발작용에 있어 중요한 인자인데 대기의 습기는 증발과 증산으로부터 발생되며, 습기의 주요 공급원은 해양에서의 증발이다. 지상에 내리는 강수는 대개 해안의 증발과 대기순환계에 의해서 지상으로 이동한다. 액체상태의 물이 기체상태의 수증기로 변하는 현상을 기화(vaporization) 또는 증발(evaporation)이라 부른다. 눈이나 얼음상태로부터 물분자가 직접 수증기로 변환될 수도 있는데 이를 승화(sublimation)현상이라 부르며 일반적으로 수문학에서는 증발현상에 포함시키는 것이 보통이다. 증발현상과는 반대로 수증기가 물 혹은 얼음으로 변환하는 현상을 응축현상(condensation)이라 한다. 여러 종류의 기체가 같이 섞여 있을 경우, 각각의 기체는 다른 기체와 독립되게 부분압력(partial pressure)을 갖게 되며 대기중의 수증기의 경우에는 이 수증기가 갖는 부분압력을 증기압(vapor pressure)이라 한다. 대체로 일정한 온도를 유지하고 동일한 양의 물과 공기를 함유하는 밀폐된 수문시스템(closed hydrological system)을 고려하면, 증발수표면에 열에너지가 가해지면 수면으로부터 수분이 공기중으로 증발하게 될 것이다. 이러한 증발현상은 공기가 수증기로 포화되어 더 이상 증발할 수 없을 때까지 즉, 평형상태에 도달할 때까지 계속된다. 이 때 수증기분자는 수표면에 압력을 가하게 되며 이 압력을 포화증기압(saturation vapor pressure, es)라고 한다. 포화증기압은 온도에 따라 달라지므로 [표 2.3]에 그 값이 수록되어 있으며, [표 2.3]에 mmHg단위로 표시된 포화증기압과 milibar 단위와의 관계는 다음과 같다.

$$1\ \mathrm{mmHg} = 1.36\ \mathrm{milibar} = 1.36 \times 10^3\ \mathrm{dyne/cm^2}$$

증기화 현상은 증발되는 액체로부터 열을 빼앗는 것이며 응축현상은 반대로 열을 가하는 것이다. 잠재증기화열(latent heat of vaporization)은 온도의 변화없이 액체상태로부터 기체상태로 변환하는데 필요한 단위질량당의 열량을 말하며 온도가 40℃까지는 다음의 경험식에 의해 비교적 정확하게 결정될 수 있다.

$$H_v = 597.31 - 0.564\,t$$

여기서 H_v : 잠재증기화열 (cal/g)
t : 대기의 온도(℃)

증기압은 그 자체가 대기중의 수분함유량을 직접 표시하는 척도는 아니지만 공기의 밀도나 수증기의 함유정도를 표시하기 위한 실질적인 기본요소로 활용된다. 수증기의 단위중량은 동일 온도에서 공기의 단위중량에 0.622를 곱하여 구하므로 수증기의 밀도 $\rho_v(g_0/cm^3)$는 [표 2.3]과 같다.

$$\rho_v = 0.622\frac{e}{R_g\,t}$$

여기서 e : 증기압(milibar)
T : 절대온도(°K)
R_g: 가스상수(2.87×103)

표 2.3 온도 t℃에 따른 포화증기압 es(mmHg)

t (℃)	0.0	0.1	0.2	0.3	0.4	0.5	0.6	0.7	0.8	0.9
-10	2.15									
-9	3.32	2.30	2.29	2.27	2.26	2.24	2.22	2.21	2.19	2.17
-8	2.51	2.49	2.47	2.45	2.43	2.41	2.40	2.38	2.36	2.34
-7	2.71	2.69	2.67	2.65	2.63	2.61	2.59	2.57	2.55	2.53
-6	2.93	2.91	2.89	2.86	2.84	2.82	2.80	2.77	2.75	2.73
-5	3.16	3.14	3.11	3.09	3.06	3.04	3.01	2.99	2.97	2.95
-4	3.41	3.39	3.37	3.34	3.32	3.29	3.27	3.24	3.22	3.18
-3	3.67	3.64	3.62	3.59	3.57	3.54	3.52	3.49	3.46	3.44
-2	3.97	3.94	3.91	3.88	3.85	3.82	3.79	3.76	3.73	3.70
-1	4.26	4.23	4.20	4.17	4.14	4.11	4.08	4.05	4.03	4.00
0	4.58	4.55	4.52	4.49	4.46	4.43	4.40	4.36	4.33	4.29
0	4.58	4.62	4.65	4.69	4.71	4.75	4.78	4.82	4.86	4.89
1	4.92	4.96	5.00	5.03	5.07	5.11	5.14	5.18	5.21	5.25
2	5.29	5.33	5.37	5.40	5.44	5.48	5.53	5.57	5.60	5.64
3	5.68	5.72	5.76	5.80	5.84	5.89	5.93	5.97	6.01	6.06
4	6.10	6.14	6.18	6.23	6.27	6.31	6.36	6.40	6.45	6.49
5	6.54	6.58	6.54	6.68	6.72	6.77	6.82	6.86	6.91	6.96
6	7.01	7.06	7.11	7.16	7.20	7.25	7.31	7.36	7.41	7.46
7	7.51	7.56	7.61	7.67	7.72	7.77	7.82	7.88	7.93	7.98
8	8.04	8.10	8.15	8.21	8.26	8.32	8.37	8.43	8.48	8.54
9	8.61	8.67	8.73	8.78	8.84	8.90	8.96	9.02	9.08	9.14
10	9.20	9.26	9.33	9.39	9.46	9.52	9.58	9.65	9.71	9.77
11	9.84	9.90	9.97	10.03	10.10	10.17	10.24	10.31	10.38	10.45
12	10.52	10.58	10.66	10.72	10.79	10.86	10.93	11.00	11.08	11.15
13	11.24	11.30	11.38	11.75	11.53	11.60	11.68	11.76	11.83	11.91
14	11.98	12.06	12.14	12.22	12.96	12.38	12.46	12.54	12.62	12.70
15	12.78	12.86	12.95	13.03	13.11	13.20	13.28	13.37	13.45	13.54
16	13.63	13.71	13.80	13.90	13.99	14.08	14.17	14.26	14.35	14.44
17	14.53	14.62	14.71	14.80	14.90	14.99	15.09	15.17	15.27	15.38
18	15.46	15.56	15.66	15.76	15.96	15.96	16.06	16.16	16.26	16.36
19	16.46	16.57	16.68	16.79	16.90	17.00	17.10	17.21	17.32	17.43
20	17.53	17.64	17.75	17.86	17.97	18.08	18.20	18.31	18.43	18.54
21	18.65	18.77	18.88	19.00	19.11	19.23	19.35	19.46	19.58	19.70
22	19.82	19.94	20.06	20.19	20.31	20.43	20.58	20.69	20.80	20.93
23	21.05	21.19	21.32	21.45	21.58	21.71	21.84	21.97	22.10	22.23
24	22.27	22.50	22.63	22.76	22.91	23.05	23.19	23.31	23.45	23.60
25	23.75	23.90	24.03	24.20	24.35	24.49	24.64	24.79	24.94	25.08
26	25.31	25.45	25.60	25.74	25.89	26.03	26.18	26.32	26.46	26.60
27	26.74	26.90	27.05	27.21	27.37	27.53	27.69	27.85	28.00	28.16
28	28.32	28.49	28.66	28.83	29.00	29.17	29.34	29.51	29.68	29.85
29	30.03	30.20	30.38	30.56	30.74	30.92	31.10	31.28	31.46	31.64
30	31.82	32.00	32.19	32.38	32.57	32.76	32.95	33.14	33.33	33.52

건조한 공기의 밀도를 $\rho_d(g_0/cm^3)$라고 하면 다음과 같다.

$$\rho_d = \frac{P_d}{R_g T}$$

여기서 P_d는 대기압으로서 단위는 milibar이다.

공기 중에 수증기가 포함되어 있을 경우의 밀도는 다음과 같다.

$$\rho_a = \frac{P_a}{R_g T}(1 - 0.378\frac{e}{P_a})$$

여기서 P_a는 수증기를 포함한 공기의 압력(milibar)이다.

일정한 공간에 수증기의 양이 최대일 경우 수증기로 인한 압력을 포화증기압(saturated vapor pressure)이라 한다. 포화증기압은 온도만의 함수이므로 다음과 같은 근사적인 경험식으로 구할 수 있다.

$$e_s \fallingdotseq 33.8639\,[\,(0.0073T + 0.8072)^8 - 0.000019\,(1.8T + 48) + 0.001316\,]$$

여기서 e_s는 포화증기압(milibar), T는 온도(℃)이다.

이슬점온도 T_d는 일정한 압력과 일정한 양의 수증기를 유지하면서 공기를 냉각시켰을 때, 그 공간이 포화상태로 되는 온도를 말하며 영점이라고 하기도 한다. 앞에 언급되었던 상대습도는 다음과 같이 구한다.

$$f = \frac{\text{실제증기압}\,(e)}{\text{포화증기압}\,(e_s)} \times 100\,(\%)$$

즉, 상대습도는 어떤 공간내에서 포화될 수 있는 수분량에 대한 실제 수분량을 백분율로 나타낸 것이다. 만일 상대습도 f를 안다면 T_d는 다음과 같은 근사식으로 표현할 수 있다.

$$T - T_d \approx (14.55 + 0.114T)X + [(2.5 + 0.007T)X]^3 + (15.9 + 0.117\,T)X^{14}$$

여기서 T는 ℃, $X = 1 - \frac{f}{100}$ 이다.

또한 상대습도식에서 공기의 온도 T와 이슬점 T_d로부터 직접계산이 다음과 같은 식으로 가능하게 된다.

$$f \approx \left(\frac{112 - 0.1T + T_d}{112 + 0.9T} \right)^8 \times 100$$

비습도(specific humidity)는 수증기를 포함한 공기의 단위질량과 수증기의 질량과의 비를 나타내 주는 것으로 다음과 같이 표현된다.

$$q_h = 622 \frac{e}{(P_a - 0.378e)} \approx 622 \frac{e}{P_a}$$

여기서 q_h : 비습도(gr/kg)
P_a : 수증기를 포함한 공기의 압력(milibar)

공기 중의 수증기 양은 강수를 형성하는 과정에서 수분의 공급원이 되므로 공기의 비습도와 고도에 따른 대기압 등을 알면 강수에 기여할 수 있는 물의 양(가능 강수량)을 다음과 같은 식으로 구할 수 있다.

$$W_p = 0.01 \int g_h \, dP_a$$

여기서 W_p : 가능 강수량(mm)
q_h : 비습도
P_a : 대기압(milibar)

습도는 통상 습도계(psychrometer)로 측정하는데, 임의의 온도 t℃에서 실제증기압 e는 다음과 같은 식으로 표현할 수 있다.

$$e = e_w - r(t - t_w)$$

여기서 e : 온도 t℃에서의 실제증기압(milibar)

t_w : 습구온도계 값(℃)

e_w : t_w에서의 포화증기압(milibar)

r : 습도계 상수 e를 milibar로 표현했을 때 0.66

e를 mmHg로 표현했을 때는 0.485

습도를 측정하기 위한 계기에는 습도계(psychrometer)이외에도 여러 가지가 있으며 흔히 사용되는 털 습도계(hair hydrometer)가 있다. 이는 동물의 털이 상대습도에 따라 신축하는 성질을 이용한 것이며 털의 신축에 따른 상대습도의 변화를 연속적으로 기록하도록 만든 계기(hair hygrograph)도 있다.

습도의 일변화는 일반적으로 기온의 일변화와 반대가 되는 단순한 경향을 보이기도 하지만 때로는 복잡하게 변화하기도 한다. [그림 2.1]은 서울과 강릉의 30년간에 걸친 누가연평균습도의 월별값을 나타내었는데, 서울에서는 습도가 4월에 최소, 7월에 최대이며 강릉에서는 1월에 최소, 8월에 최대를 보여 지형적으로 큰 차이를 나타낸다.

지구상의 습도분포를 보면 적도부근에 습도가 높은 지역이 있고, 고위도로 올라감에 따라 낮아져서 위도 25°~ 30°사이에서 가장 낮고, 양극지방으로 갈수록 습도는 다시 높아진다. 이러한 습도분포는 강우분포와 관계되기 때문에 지역적으로 상당한 차이가 있다.

우리나라의 주요 지점별 월평균 상대습도분포가 [표 2.4]에 있으며 상대습도가 낮은 달은 4월로서 대략 60~70%이고, 가장 높은 달은 7월로서 80~85%정도이다.

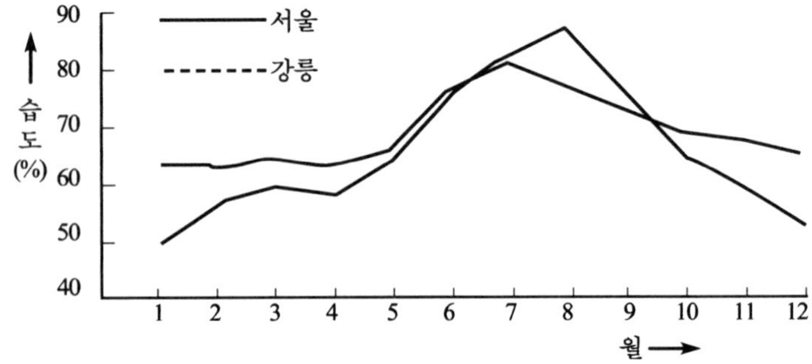

그림 2.1 우리나라(서울, 강릉)의 월별습도분포

도시의 사막화라는 표현은 도시내부가 교외지역보다 높은 온도이므로 수증기의 절대량이 같더라도 상대습도가 낮은데, 대체로 도시내부의 절대습도 자체가교외지역보다 낮기 때문에 상대습도가 더욱 낮아지는 현상을 말한다. V. Kremser는 도시내부의 상대습도가 교외보다 연평균 4~6% 낮음을 발표하였다.

표 2.4 우리나라의 월별 상대습도(%)

관측점 \ 월	1	2	3	4	5	6	7	8	9	10	11	12	연평균
춘 천	69	67	65	62	64	72	80	80	79	76	74	73	72
서 울	66	65	65	63	64	73	82	79	73	68	67	67	69
인 천	66	66	68	70	71	79	85	82	75	69	67	67	72
울릉도	70	71	69	70	71	81	86	84	78	70	68	67	74
대 전	72	70	68	66	68	76	81	80	77	69	64	56	67
포 항	53	56	60	65	67	76	81	80	77	69	64	56	67
대 구	60	60	59	62	63	69	77	75	75	69	67	63	67
광 주	73	70	68	69	70	75	82	79	77	73	74	73	73
목 포	71	71	71	74	75	81	85	81	74	64	59	53	67
부 산	52	54	59	67	71	80	86	81	74	64	59	53	67
제 주	69	70	69	73	76	80	82	80	78	72	70	69	74

*기상청자료

예제 2.1

대기의 온도가 t_1이고 상대습도가 70%인 상태에서 온도가 t_2로 상승하고 대기중의 증기압은 10% 증가하였다. 기온이 t_1과 t_2에서 포화증기압은 각각 12mmHg와 20mmHg라고 하면 기온 t_2에서의 상대습도를 산정하시오.

풀이

현재의 증기압 = 상대습도 × 포화증기압이므로

$e_1 = 0.70 \times 12 = 8.4\text{mmHg}$

t_2에서 증기압 e_2는 e_1보다 10%증가하였으므로

$e_2 = 8.4 \times 1.1 = 9.24\text{mmHg}$

$\therefore$ t_2에서의 상대습도 = $\dfrac{9.24}{20.0} \times 100 = 46.2\%$

2.5 바람

바람이란 공기가 이동하는 기단을 말하며 공기는 고기압에서 저기압을 향하여 이동한다. 그러므로 만약 지구가 움직이지 않는다면 바람은 등압선에 직각방향으로 불 것이나 실제로 지구는 운동을 하고 있어 여러가지 힘이 작용되고 있으며, 풍향과 풍속에 영향을 미치는 힘은 기압의 경도력(pressure gradient force), 축향력(deflecting force), 마찰력(friction force), 원심력(centrifugal force) 등으로 알려져 있다.

기압경도력은 풍속과 풍향에 영향을 주는데, 풍속은 기압경도에 비례하며 등압선의 간격이 넓으면 풍속은 느리고 등압선의 간격이 좁으면 풍속은 빠르다. 풍향은 고기압에서 저기압으로 등압선에 직각으로 된 것이나 다른 힘으로 인해 적도를 제외하고는 방향이 달라진다.

축향력은 적도를 제외한 지구상의 바람 또는 모든 운동하는 물체가 지구의 자전운동으로 인하여 북반구에서는 우측, 남반구에서는 좌측으로 치우친다. 마찰력 또한 풍속과 풍향에 영향을 주는데 움직이는 공기와 육지 및 바다의 표면에서 발생하며 공기의 교란이나 수직운동을 발생시킨다. 원심력은 풍속을 빠르게 하고 굴곡의 반경을 짧게 한다.

지구 전체 지표상의 풍계는 기압 배치에 따라 [그림 2.2]와 같다. 적도 저기압대(5°S ~5°N)에서는 강한 태양열로 대기가 가열되어 상승한다. 이 지역은 풍향이 일정하지 않은 약한 바람이 불며 천둥과 스콜(squall, 소낙성 강우)이 빈번하다.

열풍대(5°~30°N, 5°~30°S)는 열대편동풍 또는 무역풍이 불고 있다. 이는 아열대 고기압대에서 적도저기압대의 기압경도로 발생되며 전향력으로 인하여 북반구에서는 북동무역풍, 남반구에서는 남동무역풍이 된다. 위도 30°~40°사이에는 동서로 고기압지역이 있어 맑고 건조해져 사막지대가 형성된다. 위도 35°~60°사이에는 편서풍 지대이며 양극에서는 한랭기온으로 한랭전선을 형성하고 있다.

이와 같은 지표상의 풍계는 하층의 수백 m두께의 바람층이며, 대류권이나 성층권의 대기 흐름은 하층의 풍계와 다르고 기상 및 기후에 밀접한 관계가 있다. 바람은 지표면 부근에서 겨울에는 내륙성 바람, 여름에는 해양성 바람이 불고 하루 중에는 육풍과 해풍이 교차하여 기온이 낮은 방향으로 불게 된다.

바람의 크기는 풍속과 풍향으로 표시한다. 풍속은 km/hr, mile/hr, m/sec, knot단위로 표시하며 풍향은 바람이 불어오는 방향을 말하고 자침의 16개 방향(N, S, E, W, NE, SW, NNE, SSW 등)으로 표시되며 풍속단위간의 환산은 다음과 같다.

$$1\,\mathrm{km/hr} = 0.62\,\mathrm{mile/hr} = 0.278\,\mathrm{m/sec} = 0.54\,knots$$

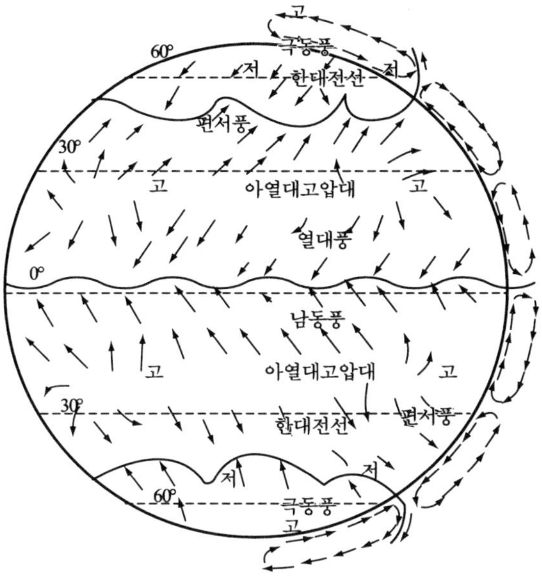

그림 2.2 지구 전체의 지표상 풍계

풍속은 풍속계(anemometer)로 측정하며 프로펠라형과 압력튜브형 풍속계 등이 있다.
지상으로부터 수직높이에 따른 풍속의 분포는 고도와 지표상태에 따라 변하며 이는 다음과 같이 표현된다.

$$\frac{V}{V_1} = \left(\frac{Z}{z_1}\right)^k$$

여기서, V는 지표면으로부터 임의지점 높이 Z에 있어서 평균풍속이고, V1은 지표면으로부터 임의의 기준높이 Z1에 설치한 풍속계로 측정한 평균풍속이며, k는 지표면의 상태와 기류의 안전성에 따른 지수로서 [표 2.5]와 같이 대체로 0.1~0.6사이의 값을 나타낸다.
우리나라의 경우 여름에는 남동풍이나 남서풍이 대부분을 차지하며 겨울에는 북서풍이 대부분인데 봄과 가을에는 특성을 나타내고 있지 않다. [표 2.6]에는 우리나라 주요지점별 월평균 풍속이 나타내어졌으며 11월~4월에 큰 값을 가지므로 겨울 계절풍이 여름 계절풍보다 강하고, 연평균 풍속은 부산과 울릉도가 가장 강하다.

표 2.5 지표면 상태와 기류의 안정성에 따른 k값

지표면유형	지표면상의 높이(m)	과단열	기류 중립	기류 안정	기류 불안정
목초지	10−70	0.25	0.27	−	0.61
평 원	1−49	0.16	0.20	0.25	0.36
초 원	8−120	0.14	0.17	0.27	0.32−0.77
비행장	9−27	0.09	0.08	0.18	−
사 막	6−61	0.15	0.18	0.22	−
숲 부근	11−124	0.19	0.29	0.35	−

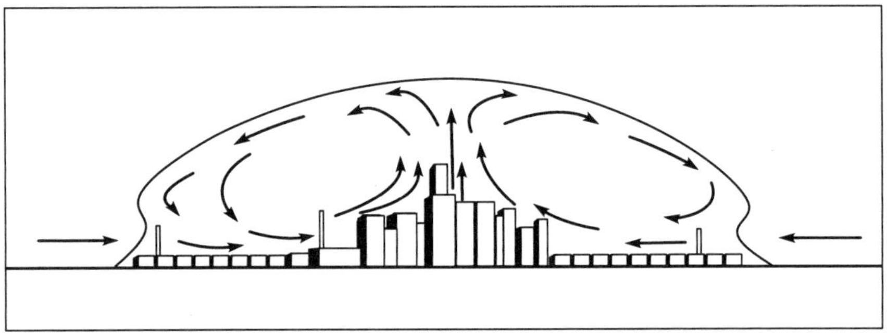

그림 2.3 열섬현상에 따른 도시의 바람형태

표 2.6 우리나라의 월평균 풍속

관측점 \ 월	1	2	3	4	5	6	7	8	9	10	11	12	연평균
춘천	1.6	1.9	2.0	2.2	2.0	1.7	1.6	1.5	1.4	1.4	1.5	1.5	1.7
서울	2.5	2.8	3.0	3.0	2.6	2.3	2.3	2.2	2.0	2.0	2.3	2.4	2.5
인천	4.4	4.5	4.6	4.4	3.8	3.2	3.5	3.2	3.1	3.2	4.1	4.2	3.9
울릉도	4.4	4.6	4.7	5.0	5.0	3.9	4.0	3.9	3.7	3.9	4.4	4.2	4.3
대전	1.5	1.8	2.2	2.5	2.3	2.0	1.9	1.8	1.5	1.3	1.3	1.3	1.8
포항	4.0	3.9	3.8	3.9	3.4	3.2	3.1	3.2	3.3	3.1	3.4	3.6	3.5
대구	3.5	3.5	3.6	3.6	3.2	3.2	3.0	3.0	2.6	2.4	2.7	3.7	3.1
광주	2.3	2.6	2.6	2.5	2.2	2.1	2.3	2.1	1.7	1.7	2.0	2.1	2.2
목포	5.2	5.0	5.0	4.4	3.7	3.5	4.0	3.5	3.6	3.8	4.2	4.3	4.2
부산	4.7	4.8	4.7	4.7	4.0	4.0	4.5	4.2	4.1	4.0	4.1	4.5	4.4
제주	5.2	5.2	4.1	4.1	3.5	3.4	3.5	3.5	3.6	4.0	4.5	4.9	4.2

*기상청자료

예제 2.2

지상 15m와 45m 높이에 설치한 풍속계로 측정한 풍속이 각각 3m/sec와 12m/sec였다. 지상으로부터 각각 25m 및 35m높이에서의 풍속을 구하시오.

풀이

$\frac{12}{3}=\left(\frac{45}{15}\right)^k$ 이므로 k=1.262

25m 높이에서의 풍속은

$\frac{V_{25}}{3}=\left(\frac{25}{15}\right)^{1.262}$ $\quad \therefore V_{25}=5.72\mathrm{m/sec}$

35m 높이서의 풍속은

$\frac{V_{35}}{3}=\left(\frac{35}{15}\right)^{1.262}$ $\quad \therefore V_{35}=8.74\mathrm{m/sec}$

앞절의 습도에서 언급되었던 도시내부의 특징으로는 도시내부가 교외지역보다 고온이 되므로 약한 저기압이 형성되고 도시내부의 고온(열섬)에서 가열된 공기는 상승하게 되므로 [그림 2.3]과 같은 독특한 도시풍(stadtwind)이 형성된다. 도시에서 풍속은 약해지며 연평균 약 20~30%가 감소된다는 보고가 있기도 하다.

핵심용어 및 내용

1. 수문기상을 수문특성과 각 인자별로 정리

① 관련 수문특성 : 최대 가능강수량, 홍수 및 강수예보, 최대 풍속, 최대 파고

② 기상학적 인자 : 강수, 습도, 기온, 태양에너지, 바람(증발과 증산에 영향)

③ 지형학적 인자 : 강수량 분포, 유출율의 정도

④ 지질학적 인자 : 대수층의 구조.

※ 수문기상의 3요소 : 기온, 습도, 바람

※ 기온 : 지상 1.5m에서 대기의 온도

구분	설명
일평균 기온 (mean daily temp.)	보통 일 최고 및 일 최저의 평균값 (매시간 기온의 산술 평균이나 3~6시간 평균)
정상 일평균 기온 (normally daily temp.)	특정 일의 30년간 일 평균기온의 평균값
월평균 기온 (mean monthly temp.)	해당 월의 일평균 기온 중 최고치와 최저치의 평균값
정상 월평균 기온	특정 월의 30년간 월 평균기온의 평균값
연평균 기온 (mean annual temp.)	해당 년의 각 월평균 기온의 평균값

2. 상대습도 : 임의의 온도에서 포화 증기압(es)에 대한 실제 증기압(e)의 백분율

$$h = \frac{e}{e_s} \times 100$$

※ 잠재증기화열 :온도에 변화 없이 액체 상태에서 기체 상태로 변환하는데 필요한 단위질량당의 열량. $H_V = 597.3 - 0.56t$ (cal/g)

3. 지상으로부터 수직높이에 따른 풍속의 분포(고도와 지표상태에 따라 변화)

$$\frac{V}{V_1} = \left(\frac{Z}{z_1}\right)^k$$

여기서, V는 지표면으로부터 임의지점 높이 Z에 있어서 평균풍속이고, V1은 지표면으로부터 임의의 기준높이 Z1에 설치한 풍속계로 측정한 평균풍속이며, k는 지표면의 상태와 기류의 안전성에 따른 지수로서 대체로 0.1~0.6사이의 값

되짚어 보기

1. 수문기상의 기상학적 인자를 쓰시오.
2. 섭씨온도와 화씨온도의 관계식을 쓰시오.
3. 정상기온의 정의를 설명하시오.
4. 잠재증기화열에 대한 관계식을 쓰고 간당하게 설명하시오.
5. 기온 20℃에서의 포화 증기압이 15mb이고 상대 습도가 30%이면 실제 증기압은?
6. 지상에서 높이 20m에서의 풍속이 40m/sec일 때 지상에서 높이 30m에서의 풍속을 구하시오. 단, k는 0.64이다.
7. 도시의 사막화현상을 설명하시오.

CHAPTER 03

강수

CHAPTER 03

강수

precipitation

하천의 유출량은 수문학적, 물리학적, 식물학적, 기후학적 인자들의 변수로 이루어진다. 강수로부터 얻어진 수량이 모두 하천의 유출량이 되는 것은 아니며, 다양한 형태의 수분으로 여러 경로를 통해 전환되어 흐른다. 지구의 지질학적, 지형학적, 식물학적, 인위적 성질 등이 임의 지역에서 하천유출량의 특성을 변경시키는 중요한 인자가 되고 있다.

물의 순환과정에서 하천유량의 원천은 강수와 지하수라 할 수 있으며, 지하수가 보충될 수 있는 근원은 강수가 침투(infiltration) 및 침루(percolation)과정에 의하여 보충되는 것이 가장 큰 부분이라고 간주할 경우 수문학에서 관심의 대상은 유출량(runoff)의 근원인 강수라 할 수 있다. 강수는 강우(rainfall)와 강설(snowfall)을 포함하나, 우리나라의 경우는 유럽 등과 달리 유출에 미치는 영향에 강설보다 강우가 지배적이므로 강우에 대한 해석을 주로 다룬다.

3.1 강수의 성인 및 종류

강수는 대기 중의 수증기가 응결이나 승화에 의하여 물 또는 얼음의 형태로 변하여 지상에 떨어지는 비·눈·진눈깨비·싸락눈 등을 말한다. 즉 지상으로 떨어지는 모든 형태의 수분을 통틀어 강수라 한다.

대기 중의 수증기가 응결하여 강수가 되려면 수증기의 양이 포화상태에 도달해야한다. 포화상태에 도달하는 조건은 수증기의 절대량이 증가하든지, 기온의 저하로 포화량이 적어져서 포화상태에 도달하는 경우이다. 이러한 강수가 형성되는 과정에는 여러 조건들이 충족되어야 하지만 대체로 다음과 같은 기상학적 조건들이 구비되어야 한다.

① **대기의 충분한 냉각** : 공기를 이슬점(dew point)까지 냉각시켜야 한다.

② **수분의 응결** : 수분입자를 형성시킬 수 있는 응결핵(kernel)이 존재해야 한다.

③ **충분한 수분의 공급 및 수분입자성장** : 응결된 수분입자가 점차 성장되도록 충분한 수분의 공급 및 집적이 되어야 한다.

대기중의 수분을 물로 환산하여 지구전체를 덮으면 약 27mm의 깊이를 나타낼 정도로 수분의 절대량이 부족한 것보다 시간 및 공간적 변화, 기온변화가 가장 큰 강수현상의 원인이 된다. 강수의 분석에 중요한 것은 대기가 상승할 때 발생하는 팽창과 냉각에 따라 강수가 발생되므로 큰 공기덩어리가 어떠한 조건하에서 응결되었는가이다. 즉 강수의 종류를 알아보려면 어떤 상태로 지상의 습한 공기가 연속적으로 올라가는가를 분석할 필요가 있다. 강수의 형태는 다음과 같이 분류할 수 있다.

① 이슬비 혹은 안개비(drizzle) : 직경 0.5mm이하의 작은 물방울로 공기의 흐름 중에 떠있는 것같이 보인다. 매우 작으므로 수가 많고 균일하게 분포되어 있는 물방울로 안개에 가깝다.

② 비(rain) : 대기 중 구름으로부터 물방울이 떨어지는 것으로 크기는 직경이 0.5mm이상이다.

③ 눈(snow) : 대기 중 승화현상으로 인한 얼음결빙체로 6각형 또는 프리즘 형태이다.

④ 우빙(glaze) : 이슬비 또는 빗방울이 찬 공기층을 통과하여 지상의 차가운 물체에 접촉하면서 바로 얼어붙은 것을 말한다.

⑤ 우박(hail) : 공기의 흐름이 상하로 이동할 때에 얼고 녹는 과정의 반복을 거쳐 형성된 직경 5mm~50m 또는 그 이상의 얼음덩어리로 대체로 급격한 뇌우시 떨어진다.

⑥ 진눈깨비(sleet) : 빙점이하 온도에서 대기를 통하여 떨어지는 동안 빗방울이 얼은 것으로 눈과 비가 혼합되어 떨어지는 것이다.

⑦ 이슬(dew) : 지면이 야간의 복사로 냉각된 장소에 습도가 높고 따뜻한 공기가 유입되어 접촉하면서 차가운 지표면 위의 작은 물방울로 대기에서 농축된 수분을 말한다.

⑧ 서리(frost) : 이슬 혹은 수증기가 얼어서 지표면 혹은 노출된 물체의 표면에 나타나는 얼음이다.

⑨ 안개(fog) : 대기중 수증기의 농축에 의해 지구표면에 형성된 얇은 구름이다.

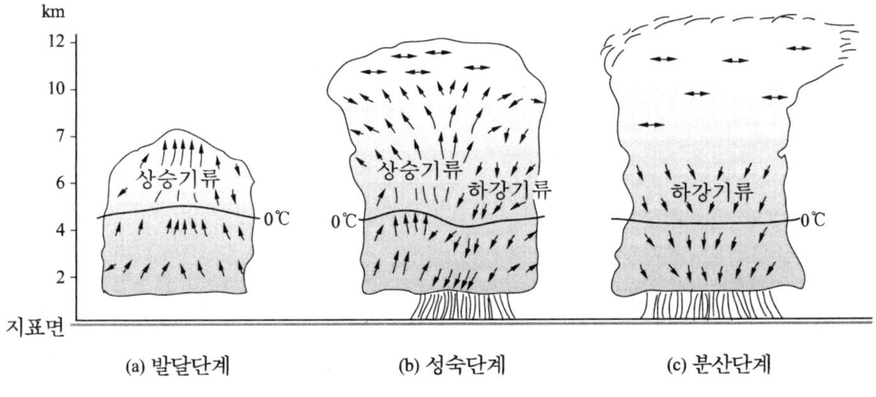

그림 3.1 대류성 셀로부터 강수과정

이와 같은 여러 종류의 강수는 다음과 같은 조건으로부터 형성된다.

① 대류형 강수(convectional precipitation)

대기가 불안정할 때에 지상의 습한 공기가 연속적으로 공중을 향해 수직으로 상승하여 공기 흐름의 기둥이 생기는데, 이러한 대기의 상승에 따른 단열 냉각으로 생성되는 강수를 대류형 강수라 한다. 가열된 가벼운 공기가 상부로 올라가면 찬공기가 따뜻한 공기를 둘러싸게 되어 공기의 흐름기둥인 대류성 셀(convective cell)이 형성되고, 이것이 냉각되어 구름이 생기며 강수가 발생한다. 이와 같이 열대류(thermal covection)의 결과에 따라 발생하는 강우의 특징은 좁은 범위에서 강한 호우가 갑자기 내리기 시작하며 소나기(shower)라 하기도 하고, 소나기에 천둥과 번개가 동반하면 뇌우(thunder storm)라 한다. 이와 같은 강수는 대체로 열대지방에서 형성되며, 온대지방에서는 맑고 더운 여름에 갑자기 내린다. 소나기와 뇌우가 발생하는 경우 대류성 셀은 몇 개가 동시에 덩어리지는 대류성 계(convective system)가 형성되며, 각기의 대류성 셀의 크기는 직경이 수 km정도이다. 대류성 셀이 발생하기 위한 경우는 다음과 같고 대류성 셀의 과정은 [그림 3.1]에 나타내었다.

- 산의 경사면을 따라 흐르며 공기의 상승
- 공기와 지면과 마찰 등으로 인한 난류
- 전선면을 따른 공기의 상승
- 공기의 흐름방향으로 인하여 수평으로 집중되는 경우
- 따뜻한 공기 위에 차가운 공기가 이류(advection)할 경우
- 지표 온도가 높아 대기가 아래에서 뜨거워질 경우

② 산악형 강수(지형성 강수, orographic precipitation)

습한 공기가 산과 같은 장벽에 부딪히면 산등을 따라 역학적인 상승이 발생하며 단열냉각되므로 응결고도에서 구름의 발생 및 강수가 내린다. [그림 3.2]와 같은 형상은 대표적인 산악형 강수를 나타내며 바람이 불어와 부딪히는 풍상측(wind ward)에는 폭우가 발생하나 반대편 배사면의 풍하측(lee ward)은 대기가 하강하므로 습도가 낮아져 강수의 형성이 힘들게 된다. 우리나라와 같이 산지가 많은 지형에서는 산악형 강수가 중요한 강수형태라 할 수 있다.
산악지형에서는 연간 강수량이 부근의 평지보다 많은데 그 이유는 다음과 같다.

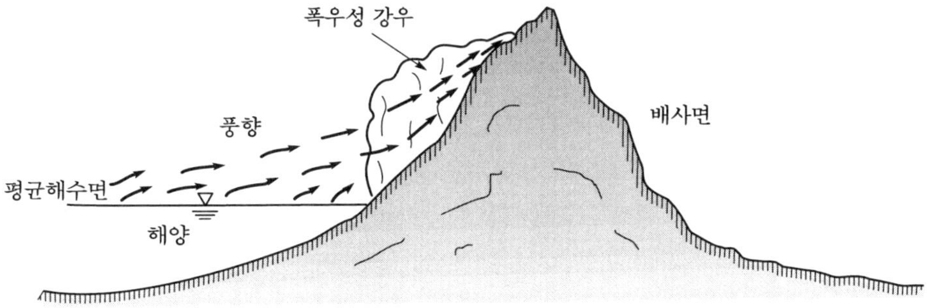

그림 3.2 전형적인 산악형 강수

- 대류성 소나기가 발생하기 쉬운 조건을 가진다.
- 산지가 저기압을 가로막아 진행을 방해한다.
- 산지에 존재하는 평면지형이 공기를 강제상승(forced ascent)시키는 작용을 한다.
- 불안정한 대기를 불안정하게 변화되는 대류로 공기층의 전체적인 상승을 발생시킨다.

③ 저기압형 강수(돌풍형 강수, cyclonic precipitation)

저기압대에 습도가 높은 공기가 유입되면서 상승하여 강수가 발생되며, 저기압 대의 바람은 북반구에서 반시계 방향, 남반구에서는 시계 방향으로 소용돌이를 이루며 분다. 저기압은 열대의 대양에서 발생하는 열대저기압(trophical cyclone)과 온대저기압(extratrophical cyclone)이 있다. 먼저 열대 저기압은 열대 및 아열대의 대양 위에서 발생하는 저기압의 일반적인 명칭이며 북태평양의 서남부에서 발생하는 것을 태풍(typhoon), 대서양에서 발생하는 것을 허리케인(hurricane)이라 한다.

우리나라는 태풍의 영향권에 있으므로 태풍에 대하여 분석해 보면 다음과 같다. 태풍의 발생시기는 대체로 7월~9월에 집중되며, 발생초기에 천천히 무역풍대안을 서쪽으로 이동하다가 북쪽으로 방향을 바꾸며 북태평양 고기압의 서쪽 가장자리를 돌아 동쪽으로 향하여 중위도 지방으로 들어가면 급격하게 세력이 약해져서 한대전선상의 온대저기압으로 된다. 태풍은 진로를 동쪽으로 향한 시기가 최고 전성기이며 우리나라에 오는 태풍은 대체로 이 시기에 통과한다. 태풍의 이동속도는 무역풍대에서는 보통 10~20 km/hr이며 방향 변화후에는 30~40 km/hr 또는 그 이상으로 이동한다. 태풍에는 격렬한 공기의 소용돌이가 있는데, 저부에는 중심을 향한 반시계 방향으로 회전하는 공기가 유입되고 중간부에는 격렬하게 상승하는 공기의 흐름, 상부에는 저부와 반대방향으로 외부로 유출하는 공기의 소용돌이가 있다. 태풍의 중심부근은 매우 빠른 풍속을 나타내며, 가장 중심부는 쾌청한 날씨를 보이는데 중심부에서는 공기가 하강하기 때문이고, 이 부근을 태풍의 눈(eye of the storm)이라 한다. 태풍의 강한 바람이 산악지형을 통과시 태풍에 따른 강수와 산악형 강수가 더해지므로 평지보다 약 2~3배의 강수량이 증가한다. [그림 3.3]에는 열대 저기압의 개념도와 [그림 3.4]에는 우리나라를 지나간 태풍의 경로를 보여준다.

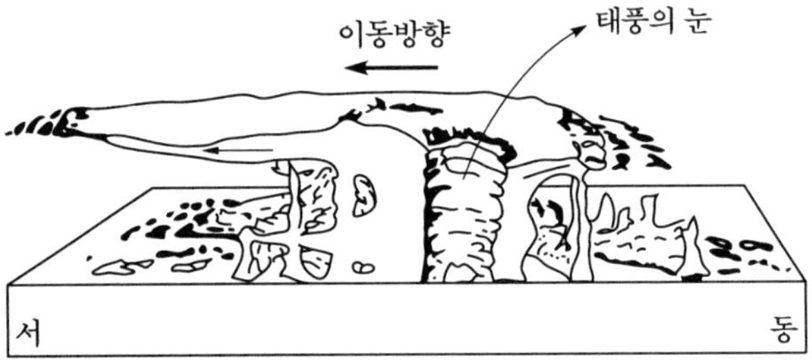

그림 3.3 열대성 저기압

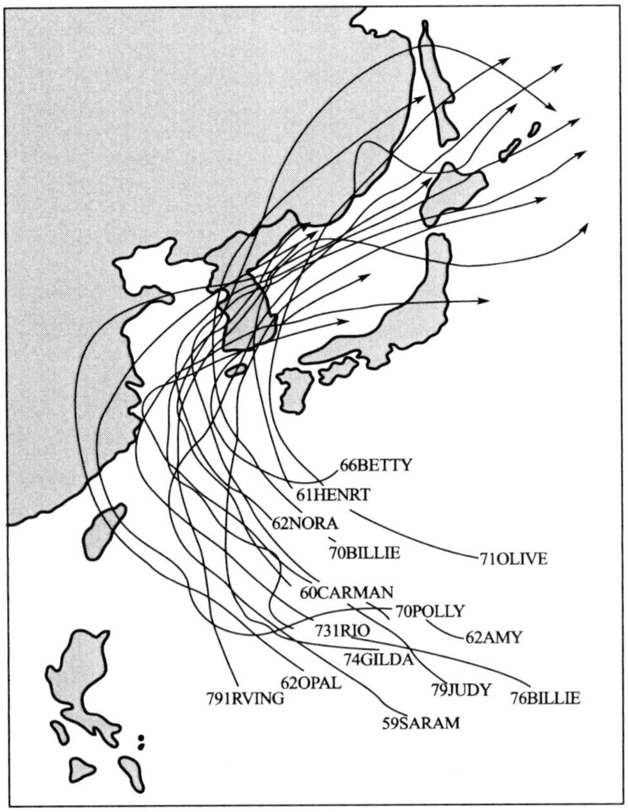

그림 3.4 우리나라를 통과하는 태풍의 전형적인 경로

온대 저기압으로 인한 강수는 전선성 강수(frontal precipitation)라 하기도 하다. 수평방향으로 같은 성질의 큰 공기 덩어리를 기단(air mass)이라 하는데 기단은 발원지에 따라 열대(tropical) 및 한대(polar)기단으로 대별하며, 대륙성(continental) 및 해양성(maritime)으로 상세하게 구별한다. 한냉기단(cold air mass)은 차가운 발원지로부터 발생한 따뜻한 지면위의 기단을 말하며 온난기단(warm air mass)은 반대의 경우이다. 이러한 온도와 밀도가 서로 다른 두 기단이 충돌할 때 접촉된 면을 전선(front) 또는 전선면(frontal surface)이라 한다. 전선에는 밀도가 높아 차가운 공기 위로 밀도가 낮아 가볍고 따뜻한 공기가 상승하여 차가운 공기를 밀어내며 진행하는 온난전선(warm front)과 차가운 공기가 따뜻한 공기 아래로 유입되어 따뜻한 공기를 상승시키는 한냉전선(cold front)이 있으며, 반면에 두 기단이 저기압 사이에서 서로 비기게 되면 발달된 전선이 정체하게 되는데 이를 정체전선(stational front)라 한다. [그림 3.5]에는 전선의 종류와 전선부근의 기후조건을 나타내었다.

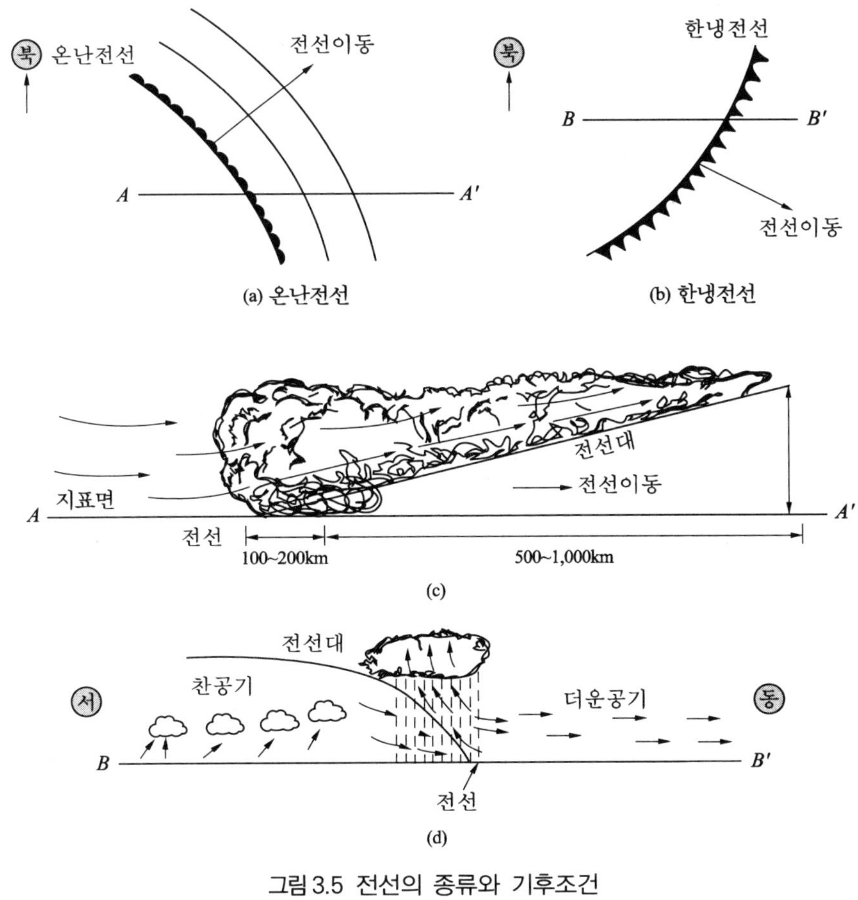

그림 3.5 전선의 종류와 기후조건

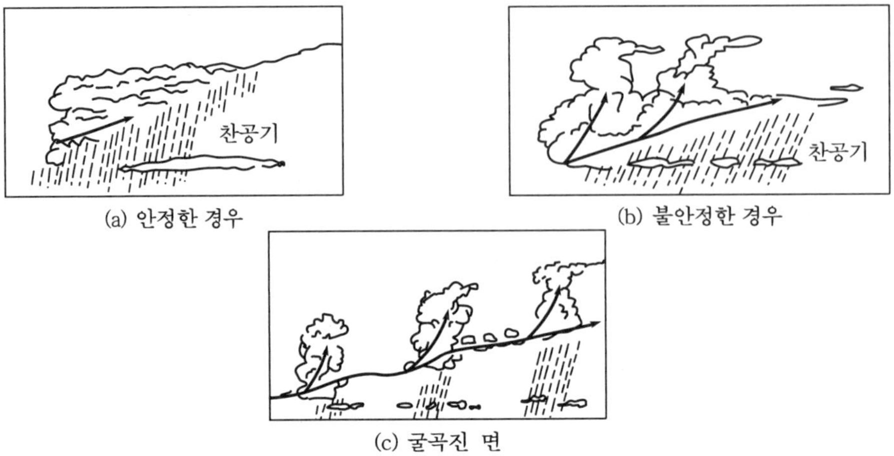

그림 3.6 온난전선에 의한 강수

온난전선에 의한 강수는 [그림 3.6]과 같은 경우에 발생하며, 대체로 강수지역이 넓고 장시간에 걸쳐 내리는 것이 일반적인 특징인데 반하여 난기류가 불안정하면 대류형 소나기와 뇌우가 발생한다.

한냉전선에 의한 강수는 [그림 3.7]과 같은 경우에 발생하는데 한냉전선은 진행되는 속도가 빠르고 전선면의 경사가 급하기 때문에 강수지역은 좁게 되며 소나기성 강수가 특징이다.

수증기가 냉각되어 포화상태에 이르러도 반드시 물방울이 생성되는 것은 아니며 수증기가 응결하는 것은 수증기와 친화력이 있는 입자 또는 핵(kernel)이 있어야 하는데 이를 응결핵(condensation nuclei)이라고 한다. 응결핵이 없이는 수증기분자가 물방울로 뭉치는 능력이 없게 되는데 대체로 공기 중의 먼지, 소금가루 등이 응결핵을 이룬다. 최근 인공강우(artificially induced rainfall)라고 하는 인위적인 강우는 요오드화은(AgI, sliver iodide), 드라이아이스(dry ice) 등을 포화 또는 과포화상태의 구름에 응결핵이 되도록 뿌리는 것이다.

대기 중에 수증기가 응결되어 물방울이 형성되었다 하더라도 그것이 지상에 낙하되기 위해서는 적당한 크기로 성장해야 한다. 응결핵을 중심으로 형성된 물방울은 성장하여 상승기류보다 큰 낙하속도를 가질 때 낙하가 시작되고 [그림 3.8]과 같이 급속하게 낙하하는 물방울은 물방울 전면에서 작은 물방울들을 흡수하게 되는데 이를 직접포착(direct capture)이라 한다. 한편 물방울이 낙하할 때 물방울의 뒷면에서는 후류(wake)가 발생되며 이 부근에서는 공기의 저항이 감소하기 때문에 다른 물방울이 후류 속으로 흡수되어 앞서의 물방울에 포착되는데 이를 후류 포착이라 한다.

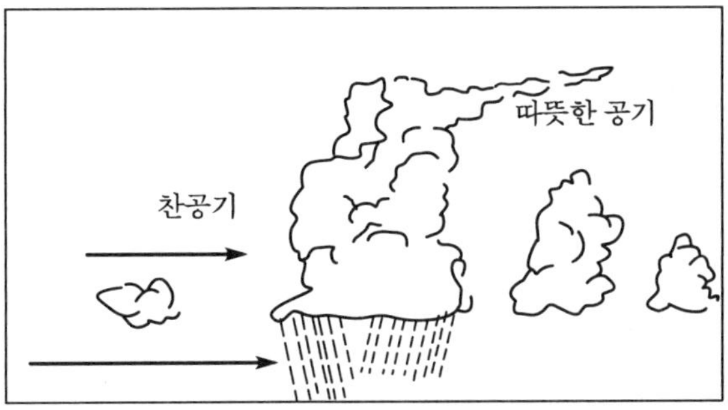

(a) 불안정(급속이동)

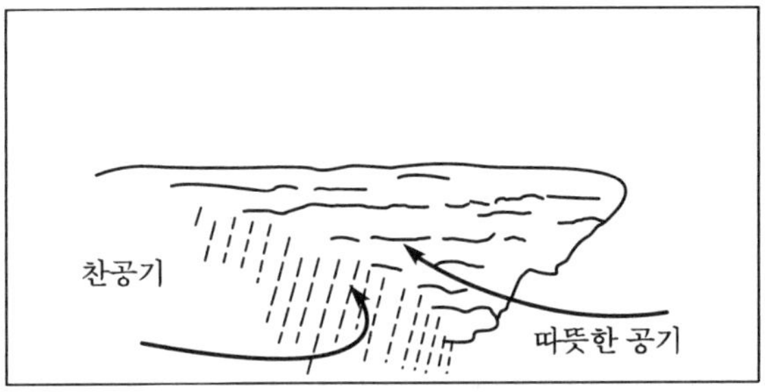

(b) 안정(정체)

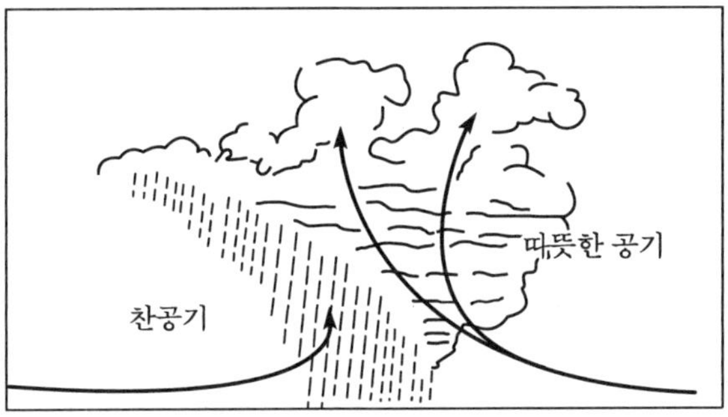

(c) 불안정(정체)

그림 3.7 한냉전선에 의한 강수

물방울은 중력에 의해 가속되며 속도의 증가에 따른 공기와의 마찰저항이 증가하기 때문에 얼마 후에는 두 힘의 평형을 이룬다. 이 때의 속도를 종말속도(terminal velocity)라 하며 구형 물방울의 전형적인 종말속도가 [표 3.1]에 나타내어졌다. 만약 공기의 상승속도가 약 9m/sec정도이면 큰 직경의 빗방울을 공기 중에서 정지시킬 수 있으며 작은 직경의 물방울은 구름 속으로 운반되기도 한다.

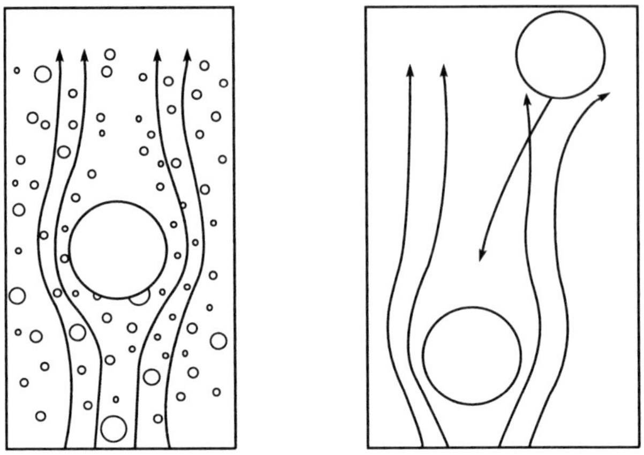

그림 3.8 물방울의 성장(직접포착 및 후류포착)

표 3.1 구형물방울의 종말속도

지름(μ)	낙하율 m/sec	물방울 크기
5,000	8.9	큰 빗방울
1,000	4.0	작은 빗방울
500	2.8	가랑비
200	1.5	이슬비
100	0.3	큰 구름입자
50	0.076	보통 구름입자
10	0.003	작은 구름입자
1	0.00004	초기 물방울

3.2 강수량 측정

지상에 도달한 강수의 양을 알기 위해서는 최소한의 측정기구가 필요하며 역사상 최초로 관측된 것은 인도에서 기원전 4세기에 관측된 우량기록이 있다고 한다. 우리나라의 경우 처음에는 땅속으로 스며든 빗물의 깊이를 측정함으로 강수량을 측정하였으며, 세종 23년(1441)에 높이 약 42.5cm, 직경 약 17.0cm의 원통형 철제 우량계가 세계 최초로 발명되었다.

강수는 앞 절에서 설명하였듯이 여러 형태가 있으나 본 절에서는 주로 강우량에 대해서 기술하기로 한다. 우량의 크기는 일정한 면적에 내린 총우량을 면적으로 나눈 깊이를 표시하며, 우리나라에서는 mm단위를 사용하고, 미국 등에서는 inch단위를 사용한다.

강우는 시간적 또는 공간적으로 변화하기 때문에 강우의 정확한 양을 측정하는 것은 매우 어렵다. 강우의 시간적 변화는 자기 우량계에 의하여 측정은 가능하나 측정계기는 전체면적에 비하여 하나의 점과 같이 작으므로 공간적 분포를 알기는 거의 불가능하다. 또한 관측자료도 측정방법, 바람의 영향 등으로 오차가 발생되는데, 특히 바람의 영향이 매우 크다. 대체로 강우시에는 바람을 동반하기 때문에 계기로 측정된 강우량은 바람의 영향을 고려한 수정이 필요하다.

우량을 측정하는 기구를 우량계(rain gage)라 하며 보통 우량계와 자기 우량계(automatic rain recording gage)로 구분된다.

① 보통우량계

우리나라에서 사용되고 있는 보통우량계는 [그림 3.9]와 같으며 Symon's우량계라고도 한다. 이 기구는 직경 20cm의 구리 또는 아연도금이 된 실린더 형태의 원관과 깔때기 및 유리병으로 구성되어 있다. 원관의 내부에는 상단에 깔때기로 우수를 받게 되며 깔때기 아래의 유리병으로 빗물을 저류한 후 유리 측정관을 이용하여 우량으로 환산한다. 겨울철에는 동파방지를 위해 부동액을 사용하기도 하며, 여름철에는 증발방지를 위해 증발성이 적은 액체를 주입하여 수표면과 공기의 차단효과를 이용하기도 한다. 파손에 의한 손상으로부터 보호를 위해 우량계 주위에 보호망을 설치하는 경우도 있다.

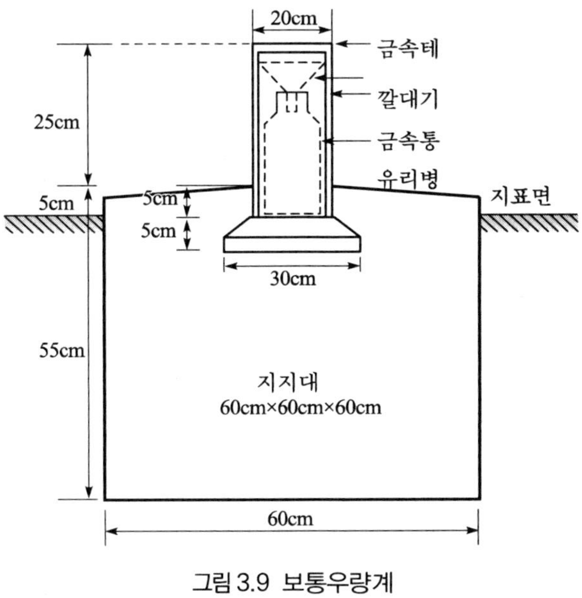

그림 3.9 보통우량계

강우량은 매일 1회 오전 9시에 측정되어 24시간 우량을 측정하며 호우시에는 하루에 여러 번 측정되어야 한다. 일우량의 최소 단위는 0.1mm로서 0.1mm이하에는 무우량으로 취급한다. 보통우량계의 단점으로는 1일 강우의 총 깊이만 측정되며 24시간 동안 서로 다른 시간동안의 강우량 또는 지속기간은 측정할 수 없다. 우수 이외의 다른 강수 측정은 눈, 우박 등에 일정량의 더운 물을 부어 녹인 후에 전체수량을 측정한 후 부어준 더운 물의 양을 빼어 측정한다.

② 자기우량계

자기기록 또는 자동 우량계라고도 하며 우량계 주위에 고정된 방안지를 가진 드럼에 누가우량곡선 [그림 3.13]을 그리는 펜이 시계방향으로 회전하면서 누가곡선(mass curve)을 그린다. 이 누가곡선으로부터 주어진 시간의 강수량, 임의 호우지속시간의 강수비율과 강우강도를 계산할 수 있다. 대체로 보통우량계와 함께 사용된다.

자기우량계는 tipping bucket형, 중량형(weighting type), 부자형(floating type)으로 구분된다.

tipping bucket형 자기우량계는 [그림 3.10]과 같이 직경 30cm의 실린더형 수수기안에 깔때기가 설치되어 있으며, 깔때기 아래 2개의 tipping bucket과 그 아래에 저수조로 구성되어 있다. 2개의 tipping bucket 중 하나가 약 0.25mm의 강우량을 받으면 중력에 의해 한 쪽으로 기울어지면서 빗물은 저수조를 통하여 측정관으로 모이고 그 동안에 또 다른 bucket이 빗물을 받는 자리로 위치하게 되는 과정이 되풀이된다. 측정관에 빗물이 모이면 전기회로가 작동되어 시계장치에 의해 회전하는 드럼 주위를 감싼 기록지에 펜이 움직여 우량을 측정한다. tipping bucket형에서는 강설량(snowfall)은 기록되지 않는다.

중량형 자기우량계는 [그림 3.11]과 같으며 임의 강수 중량이 스프링 레버(저울)로 균형된 수조에 떨어질 때 시계로 회전하는 드럼 주위를 감싼 기록지가 움직이고, 펜이 수직으로 움직여 누가되는 강수를 측정한다. 중량형은 저울로 강수의 무게를 측정하는 우량계이므로 눈, 우박, 싸라기 등의 강수 이외의 것도 직접강수량을 측정할 수 있다.

부자형 자기우량계는 [그림 3.12]와 같이 부자물통(float chamber)에 강우가 수집되는 동안 수면의 변화에 따라 부자가 상하로 움직이며 드럼에 싸인 기록수지에 강우량을 기록하여 측정된다. 부자물통에 수면이 어느 정도 이상으로 상승하면 사이폰(syphon)현상을 이용하여 물통의 물을 자동적으로 배수시켜 부자가 원위치가 되도록 한다. 시계의 태엽장치는 24시간에 1회전되며, 태엽은 1주일에 1회씩 다시 감고 드럼 주위의 기록지도 교환할 필요가 있다.

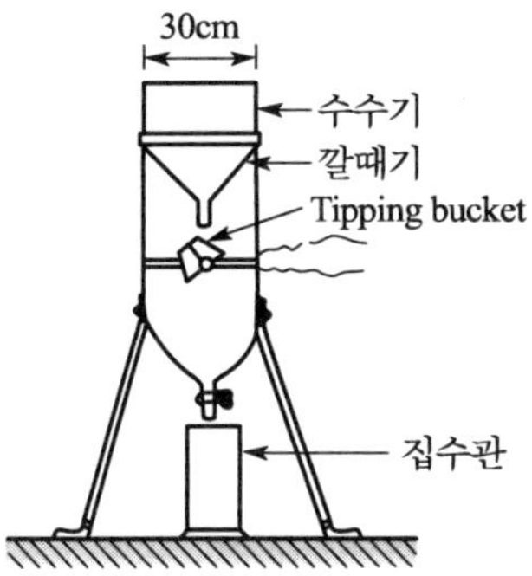

그림 3.10 tipping bucket형 자기우량계

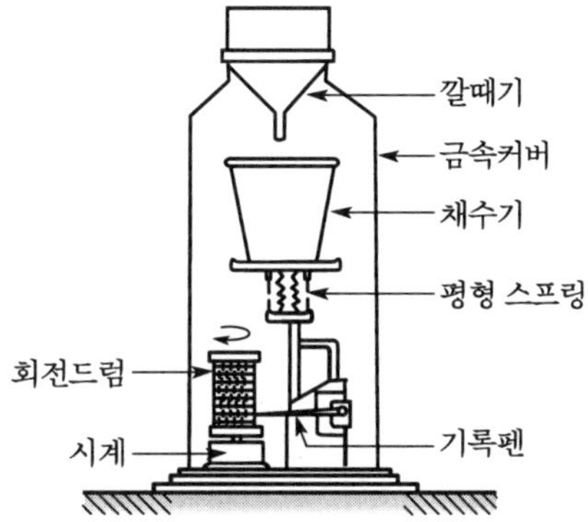

그림 3.11 중량형 자기우량계

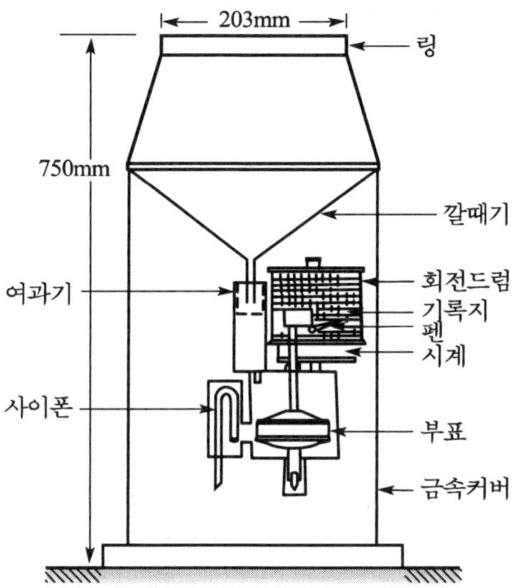

그림 3.12 부자형 자기우량계

최근 과학의 발달로 레이다(Radar), 인공위성(satellite), 무선(radio)을 이용하여 강수량을 측정하는 방법이 개발되고 있다.

레이다는 전자에너지의 변환장치로부터 일정규모의 빔(beam)을 통과하여 강하하는 물 입자수를 측정하여 강수량을 측정한다. 호우의 지역적인 범위, 방향 및 거동에 있어서 레이다의 적용은 매우 유용하며 호우성 강수의 크기와 지역적인 분포를 산정하는데 도움을 준다.

인공위성은 구름 상층부의 온도, 광도(brightness), 지구로부터의 반사(radiation) 등으로부터 강수량을 측정한다. 레이다 및 인공위성 이용방법은 지상관측 강수량 자료와 비교 검토시 오차를 나타내어 실용화에 어려운 점이 있으나 면적강수량을 대기 중에서 동시에 측정할 수 있으므로 계속 연구 중에 있는 방법이다.

무선을 이용하는 방법은 우량자료를 수동으로 수집하기 힘든 산악지역 등에 이용된다. tipping bucket우량계에서와 같이 물통에 물이 고여 기울어질 때, 우량계에서 부호로 전파되어 방송장치에 의해 전달되며, 수집된 강우의 깊이와 같은 전기적 펄스를 전달한다. 수신지점에서 이들 코드 신호(code signal)는 UHF수신기로 수신된다.

이상과 같은 우량계의 설치지점은 바람의 영향으로 가장 크게 받는 강수의 특성상 숲이나 나무들이 자연적으로 바람막이 구실을 해주는 개방된 평지가 가장 좋다.

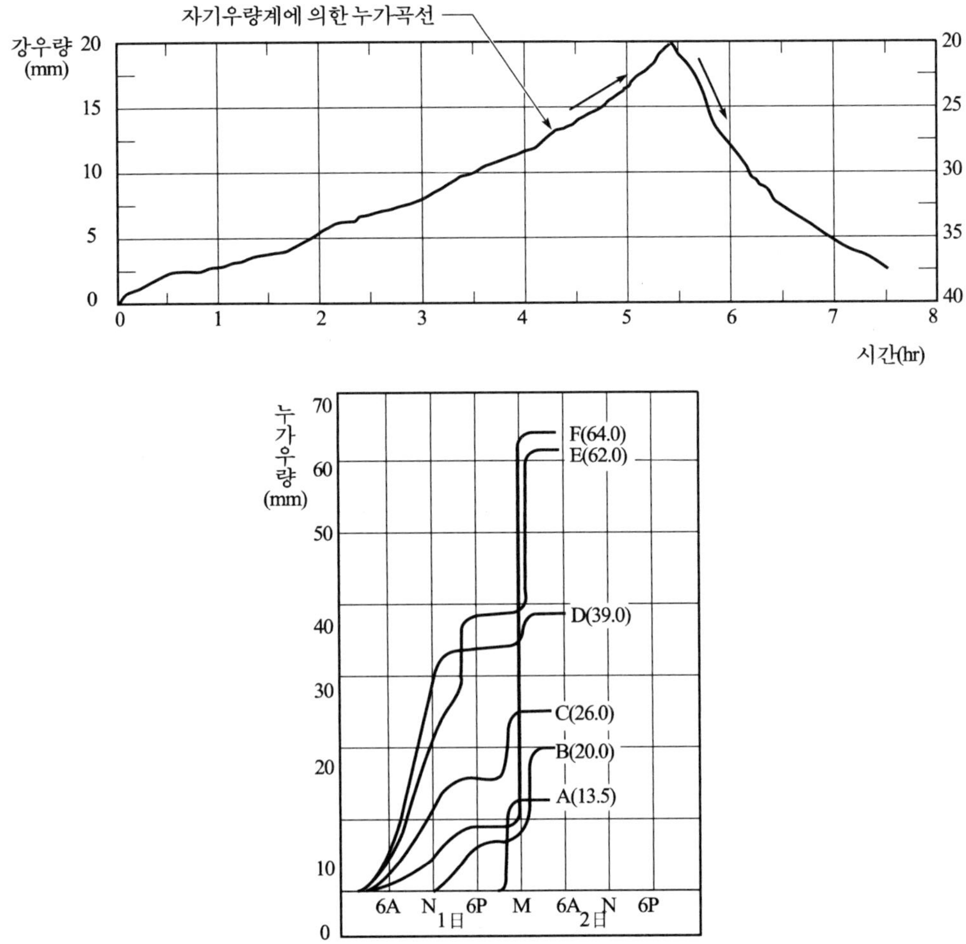

그림 3.13 한 개 또는 여러 관측점별 누가우량곡선

3.3 강수

강수의 여러 형태 중에 일반적으로 가장 관심을 가지는 부분이 강우이며, 강우를 분석하기 위해서는 이에 관한 여러 용어들이 사용되므로 본 절에서는 이 중 중요한 것을 정리해 보기로 한다.

① 우량(rainfall)

임의 기간 중에 지표에 도달한 강우가 지하로 침투되고, 중력작용으로 지표면의 낮은 곳으로 흘러가며, 증발하지 않고 모인 것으로서 모인 물의 깊이를 표현한 것이다. 크기는 mm와 inch를 사용하며 우량계에 의해 통상 1시간 또는 1일마다 측정하며 1시간 우량, 1일 우량이라 부른다.

② 총우량(total rainfall)

임의 기간 중에 내린 강우량에서 그 임의 기간을 세밀하게 나눈 특정 지속기간(duration)마다 측정하여 합계로 나타낸 것이다.

③ 시간우량

장마 및 호우시에 강우가 내린 시작부터 끝날 때까지의 우량이 매시간 측정되었다면 각 시간마다의 우량을 시간우량이라 하며, 시간우량의 합계가 그 호우기간의 총우량이 된다.

④ 강우지속기간(rainfall duration)

강우가 내린 시작부터 끝날 때까지의 시간을 말한다.

⑤ 강우강도(intensity rainfall)

강우가 내리는 정도를 표현한 것으로 우리나라에서는 1시간당 내리는 강우량(mm/hr)을 기준으로 한다. 강우가 내리는 정도는 끊임없이 변화하며 임의 시점에서 강우강도는 강우가 내리기 시작하면서부터 측정되어 누가한 누가우량(accumulated rainfall)을 종축으로 하고 시간을 횡축으로 한 누가우량곡선(mass curve of rainfall)의 접선 경사를 구하여 얻는다.

⑥ 평균강우강도(average intensity of rainfall)

특정한 기간 중에 내린 강우가 그 기간 중에 변화없이 똑같이 내린 것으로 생각하여 강우강도를 구한다.

⑦ 시간최대우량

강우가 내린 시작부터 끝날 때까지 임의 기간에 1시간, 24시간 등과 같은 시간 내에서 내린 우량의 최대값을 말한다.

⑧ 지점우량(point rainfall)

우량계가 설치되어 있는 지점 또는 어느 유역 중 특정한 1개 지점에서의 우량을 말한다.

⑨ 지역 우량 또는 면적 우량(areal rainfall)

어느 유역에서 우량의 분포를 말한다.

⑩ 유역평균우량

평균우량이라 하기도 하며, 강우의 지속기간 중 또는 어느 특정기간 중에 유역에 평균적으로 어느 만큼의 우량이 내렸는가를 나타낸 것으로 지점우량으로부터 산정한다. 일반적으로 기상에 관한 지식이 유역평균유량을 구하는데 많이 필요하다.

3.4 강수계측망

강수자료를 사용할 목적과 종류에 따라 관측망의 밀도가 결정되는 강수계측망의 밀도(precipitation gage network density)는 유역면적을 대표할 수 있는 강수량자료를 구하기 위하여 세계기상기구(World Meteorological Organization, WMO)에서 [표 3.2]와 같이 제안하고 있다.

표 3.2 관측소 1개당 지배면적

지역형태	관측소 1개당 면적(㎢)
평탄한 지역	600～900
산악지역	100～250
작은 섬 또는 작은 산악삼림지대	25
사막 또는 북극, 남극	1,500～10,000

우량계에 의하여 강우량이 측정되는 면적은 전체유역면적에 비하여 매우 적으므로 우량계에 의한 강우량은 지점우량(point rainfall)이라 할 수 있다. 그러나 유역의 수문해석을 위해서는 그 유역면적을 지배하는 총강우량 또는 유역의 평균강우량자료가 필요하므로 면적을 대표할 수 있는 강우량자료를 구하기 위해 우량의 지역적 변화를 고려한 강우관측소의 관측망이 필요하다. 관측망의 밀도는 예를 들어 평탄한 지형의 넓은 지역에 대한 연평균우량과 같은 일반적인 강수가 관심의 대상일 경우 밀도가 조밀할 필요가 없으나 여름철의 단기간 집중호우해석이 주요관심사인 경우에는 조밀한 계측망이 필요하다.

표 3.3 하천유역별 우량관측소 분포현황(1992년, 건설부)

유역명	개수	유역명	개수	유역명	개수
한강	85	섬진강	19	만경강	2
낙동강	89	안성천	5	형산강	2
금강	42	삽교천	3	기타	16
영산강	6	동진강	4	총계	273

우리나라의 우량관측은 기상청과 건설교통부에서 시행하고 있으며 기타 기관이나 자치단체에서도 사업의 필요성에 따라 설치 운영하기도 한다.

[표 3.3]에는 우리나라의 건설부(현 국토부)가 운영하고 있는 우량관측소 현황을 수계별로 정리하였으며 부록 4에 1995년 1월 기준으로 건설부, 한국수자원공사, 기상청, 한국농어촌공사를 포함한 자료가 정리되었다. 과거에는 자기우량계와 보통우량계를 혼용하였으나 현재에는 전체가 자기우량계로 대체되어 자기기록을 유지하고 있다.

기상자료의 특성, 분석 및 예보업무를 관장하고 있는 기상청에서 운영하고 있는 관측소에서도 강수량을 비롯하여 기온, 상대습도, 증기압, 강설량, 증발량, 일조시간, 구름량, 풍속 및 풍향, 지면 및 지중온도 등을 관측하고 있다.

이와 같이 현재 우리나라에서 운영되고 있는 강우량관측소의 수는 건설부, 기상청, 한국수자원공사, 한국농어촌공사를 합하여 505개소이다. 이를 국토면적으로 나누어보면 WMO기준에 포함되기는 하나 산악지형이 70%이상인 우리나라의 경우 국지적인 호우가 빈번하게 발생되므로 조금 더 조밀한 관측망을 운영할 필요가 있다.

관측망을 구성하는 특별한 원칙은 없으나 최적우량관측망(optimum rain-gage network)의 설계는 수문기상학적인자(hydrometeorological elements)를 고려하여야 한다. 면적의 평균강우량을 계산할 때 단순하게 산술평균적으로 고려하면 주어진 유역내에 관측지점의 최적개수는 다음과 같은 식으로 주어진다.

$$N = (\frac{Cv}{P})^2$$

여기서 N : 유역내 설치될 관측지점의 최적개수

Cv : 현재 설치된 관측소(n)에서 강우량의 변화계수

P : 유역전체면적의 평균강우량의 산정에 허용되는 확률오차의 범위

상기의 식에서 추가되는 수인 (N－n)은 유역전체에 기존관측소의 공간적분포와 강우량의 변화량을 고려하는 비율로서 여러 지역으로 분포되어야 한다. 강우량이 매우 정확하게 측정 또는 산정되어야 할 경우에는 강우량관측소가 다소 많이 필요하게 되는데 이러한 경우는 안정망(satulated network)이라 한다.

3.5 정상연평균강우량과 가능최대강우량

연속된 35년 기간동안 관측된 강우량의 연간 평균을 정상연평균강우량(Average Annual Rainfall : A.A.R)이라 하며 임의 위치의 정상연평균강우량은 대양과의 거리, 계절에 따른 풍향, 연평균 기온, 지역의 표고 및 지형에 따른다. 정상연평균강우량이 400mm보다 적으면 건조기후(arid climate)이며, 400～740mm이면 반건조기후(semi-arid climate), 750mm 이상이면 습윤기후(humid climate)이다.

정상연평균강우량에 대한 어느 해의 강우량 비율을 습도지수(index of wetness)라 부르며, 습한상태(wet), 건조상태(dry), 평년상태로 나눈다. 어느 해의 습도지수 60%는 강우결핍이 40%임을 나타낸다. 이 지역은 많은 비가 내리는 곳이라든가 또는 별로 비가 내리지 않는 곳이라든가, 1일 최대 몇 mm정도, 1시간동안 최대 몇 mm정도의 비가 내린다는 말을 한다. 어느 정도 상식을 초월하는 큰 비가 연속적으로 내리는 경우도 있는데, 비는 어느 정도 최대로 내릴 수 있는가가 문제가 된다.

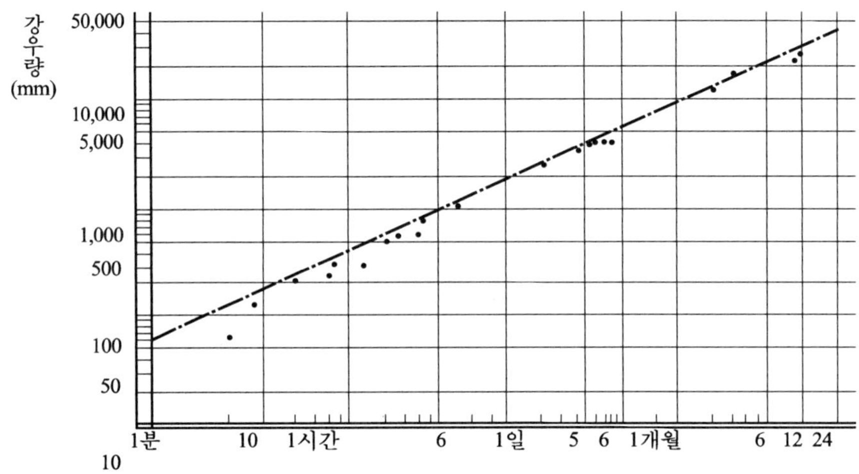

그림 3.14 시간－강우량 관계

전 세계적으로 분, 시간, 일, 월, 년과 같은 시간단위로 최대지점우량 즉, 기록우량을 조사하여, 시간과 강우량을 대수값으로 나타낸 것이 [그림 3.14]와 같다. [그림 3.14]로부터 시간과 강우량은 대체로 직선관계를 나타내므로 다음과 같은 식으로 표현할 수 있다.

$$PMP = 425\,T^{0.475}$$

여기서 P : 최대기록우량(mm)
T : 지속시간(hr)

임의 지점에서 임의 시간에 최대로 어느 정도의 강우가 내려 얻어진 양을 가능최대강우량(possible maximum precipitation or probable maximum precipitation, PMP)이라하고 수문학적 분석에 매우 중요한 개념이라 같은 용어라도 possible maximum precipitation의 경우는 이론적으로 가능한 최대우량을 의미하며 probable maximum precipitation은 개연적으로 가능한 최대우량을 의미한다. 가능최대우량에서 각 지역의 기록우량과 그 발생의 기상 및 지리적인 조건을 조사하는 것은 유효한 기준을 설정할 수 있을 것이나, 기상학적으로는 강수량에 상한값은 존재하지 않는다고 사료된다.

특수한 수공구조물 또는 대규모 수공구조물의 설계에 있어서는 어떠한 경우의 홍수라도 설계홍수량을 결정하기 위하여 PMP를 사용한다. PMP로부터 산정되는 홍수량을 가능최대홍수량(probable maximum flood, PMF)이라고 하며, 대규모 수공구조물의 설계에 많이 사용된다. 가능최대강우량은 가상적으로 발생하는 강우이므로 대체로 과거의 최대강우량자료로부터 추정하든지 또는 기상자료로부터 최악의 조건을 조합하여 추정하는 방법을 사용하기도 하며 통계적인 빈도개념을 적용하기도 한다.

통계적 방법(statistical method)으로 가능최대우량(PMP)의 산정은 다음과 같다. 임의의 지속기간에 대한 최대강우량을 선택하여, 장기간의 자료로부터 필요한 지속기간에 대한 연간 최대값을 극치분포로 적용시켜 다음과 같이 표시한다.

$$Rt = R + K(T)\sigma$$

여기서 Rt : 재현기간 T의 지속기간에서 강우량
R : 연간 최저강우량의 평균값
$K(T)$: 빈도계수로서 재현기간 T의 함수
σ : 표준편차

PMP에서 K(T)의 최대값은 Rt의 값으로 주어지는데, K(T)가 임의의 최대값 Km을 갖는다고 하면 다음과 같다.

$$PMP = R + Km \cdot \sigma$$

여기서 R : 지속시간 24시간을 가진 연간 최대강우량의 평균
σ : 24시간 연간 최대강우량의 표준편차
Km : 15(미국 기상국, Hershfield, 1961년)로 제안

상기의 식은 소유역에서 상대적으로 짧은 지속시간을 가진 호우에 대하여 유용하고 단순한 방법이나 R과 σ값에 대해 이용할 수 있는 집단의 길이와 빈도계수 K(T)의 가정으로부터 시작되는 한계가 있다. 즉, K(T)값은 지속시간에 따라 변하는 값이므로 지속시간이 24시간보다 적을 경우에는 [그림 3.15]에 의하여 K(T)값을 조정한다.

[그림 3.15]에 의하면 K(T)값은 20이 최고값이며, 자료의 크기에 따라 K(T)값의 조정이 필요하다. 자료가 충분하지 않은 경우 K(T)값은 15를 취하고, 자료가 충분한 경우에는 12를 택할 경우도 있다. 이 방법은 실제자료로부터 R과 σ를 사용하기 때문에 이론적인 장점은 있으나 지역이나 지형을 고려하지 않는다는 단점이 있다.

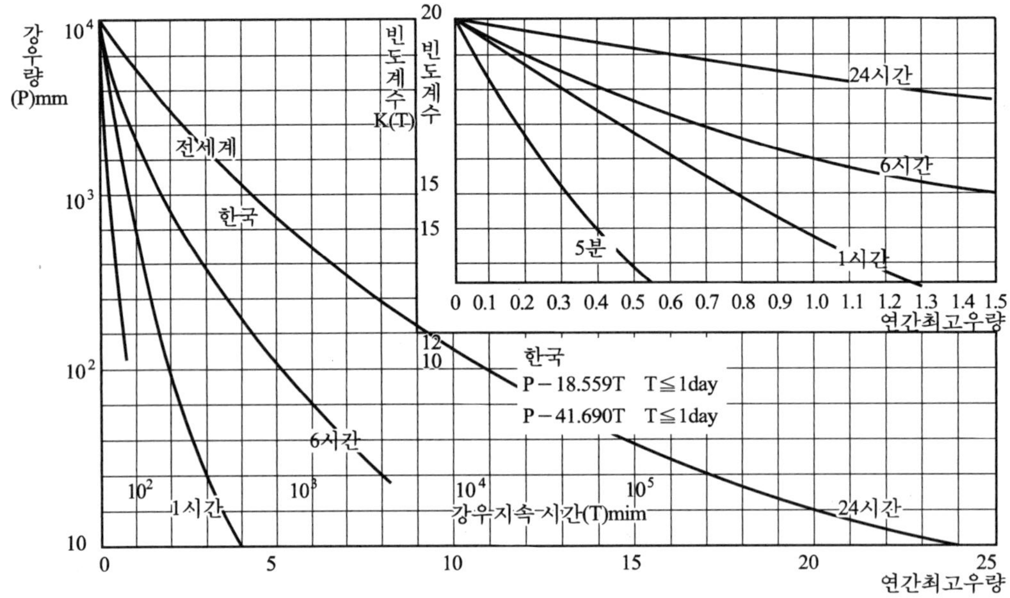

그림 3.15 빈도계수 K(T)값

기존의 최대지점강우량자료로부터 추정하는 방법으로는 앞에서 소개되었던 [그림 3.14]의 직선 관계식은 아무리 최악의 기상학적 조건의 결과라 할지라도 기왕에 발생되었던 최대강우량으로부터 크게 벗어날 수 없다는 것이 기본가정이다. 세계 및 우리나라의 최대지점강우량을 지속시간의 단위를 분으로 하여 표현하면 다음과 같다.

세계

$P = 49.05\,T^{0.483}$

한국

$P = 18.559\,T^{0.448}$; $T \leq$ 1일

$P = 41.690\,T^{0.336}$; $T >$ 1일

여기서 P : 최대지점강우량(mm)

T : 지속시간(min)

상기의 식을 이용하여 최대가능강우량을 구하는 경우에는 기상학적, 지형학적 동질성을 판단해야 한다.

대기중 수분량으로 추정하는 방법은 강우가 대기중의 수분으로부터 발생되므로 강우량은 대기중의 수분량에 비례하게 되는 것을 이용한다. 대기중의 수분량으로부터 최대강우량을 산정하는 방법은 다음과 같다. 대기중의 수분량 결정은 인공위성, 비행기 등에 의하여 측정된 대기압, 비습도, 이슬점 등의 자료에 의하여 산정될 수 있다. 자료가 없을 경우에는 호우 발생시 보통 대기가 포화상태에 있으므로 대기가 포화상태라는 가정하에 실시한다.

3.6 강우자료의 보완

강우관측지점에서 기록이 여러 사정에 따라 중단되어 결측이 발생되었을 경우 결측값을 보완하기 위해 가능한 가까운 거리에 있는 3개의 다른 관측소 강우자료를 이용한다. 결측된 관측지점 인근관측소의 정상연평균강우자료가 결측지점의 정상연평균강우자료와의 차이가 10%이내일 경우 인근 3개 지점 관측소의 강우자료를 단순히 산술평균하여 보완한다. 그러나 차이가 10%이상일 경우에는 가중값을 사용한 평균을 사용한다. 즉, 결측지점의 강우량을 Px라 한다면 다음과 같다.

$$Px = Nx\left(\frac{P_1}{N_1} + \frac{P_2}{N_2} + \frac{P_3}{N_3}\right)$$

여기서 Px : 결측지점의 강우량 보완값

Nx : 결측지점의 정상연평균 강우량

N_1, N_2, N_3: 인근관측소 1, 2, 3의 정상연평균강우량

P_1, P_2, P_3: 인근관측소 1, 2, 3의 결측기간 중 강우량 자료

결측지점 인근에 관측소가 1개만 있다면 Px는 단순비례법에 의하여 다음과 같이 보완한다.

$$Px = \frac{P_1}{N}Nx$$

상기의 두식은 인근 관측소의 강우특성이 결측지점과 상당한 상관성이 있을 경우에 적절한 방법이며 좋은 결과를 얻을 수 있으나 각 지점간의 거리가 멀거나 산악지형 또는 장해물로 기상학적 동질성에 의심이 갈 경우에는 오히려 기상학적 동질성이 있다고 판단되는 1개의 관측소 자료만을 이용하는 것이 보다 정확한 결과를 보여줄 수 있으므로 세심한 주의를 요한다. 이와 같은 식의 단점을 보완하기 위하여 다음과 같은 회귀분석을 사용한다.

$$P = a_0 + a_1P_1 + a_2P_2 + ... + a_nP_n$$

여기서 $P_1, P_2, ..., P_n$은 기상학적 동질성이 있다고 판단되는 1, 2, 3, … , n관측소의 강우량이다.

상기의 식으로부터 얻어지는 강우량 P값은 관측소 선택에 주의를 요하고, 이 값을 사용하여 통계적인 분석을 할 경우에는 자료의 분산에 영향을 줄 단점이 있다.

한편 부족한 강수량 자료를 보충하는 방법은 미국 기후국(U.S. National Weather Service)에 의하여 개발되었다. [그림 3.16]과 같이 구하고자 하는 지점 X의 주위에 위치한 4개의 지점 A, B, C, D에 대한 자료와 X지점을 통과하는 동서남북선에 의해 범위를 정한 4상한선 각각에 대한 자료가 요구된다. X지점에서 평가된 강우량은 4개 지점에서 평균값에 가중되어 각 지점에 대하여 적용하는 가중값은 X지점에서 거리L의 제곱의 역수이다.

예제 3.1

A지점에 대한 어느 해의 총 강우량이 750mm이고 인근 지점 B에 대한 강우기록이 없다. A지점과 B지점에 대한 정상연평균강우량이 각각 700mm와 800mm라면 B지점의 결측된 연강우량은 얼마인가 산정하시오.

풀이

$\frac{P_A}{N_A} = \frac{P_B}{N_B}$ 이므로

$$P_B = \frac{P_A}{N_A} \times N_B = \frac{750}{700} \times 800$$

$\therefore P_B ≒ 857\text{mm}$

$$P_x = \frac{\sum_{i=1}^{4} (P_i / L_i^2)}{\sum_{i=1}^{4} (1/L_i^2)}$$

여기서 P_x : X지점의 강우량

L : X지점과 다른 지점사이의 거리

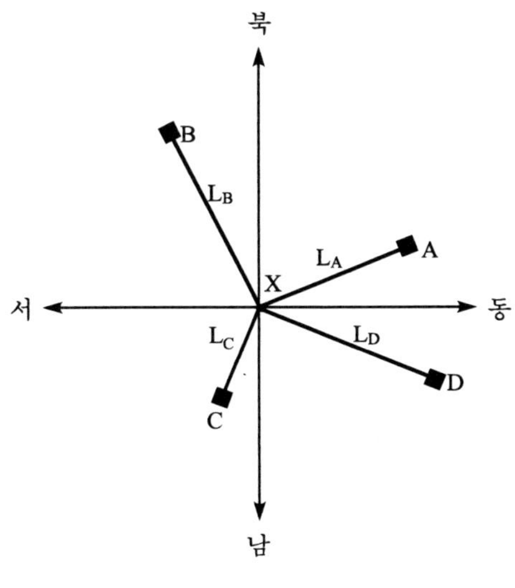

그림 3.16 X지점과 다른 지점의 위치

예제 3.2

관측소 X지점의 강우기록계가 작동고장으로 결측되었다. 주변의 관측소 A, B, C자료가 다음과 같을 때 결측지점의 강우량을 보완하라.

관측소	정상연평균강우량(mm)	일 강우량(mm)
X	800	결측
A	850	80
B	1100	105
C	950	88

풀이

$$\frac{N_{\max}-Nx}{Nx}=\frac{1100-800}{800}=\frac{300}{800}=0.375=37.5\%>10\%$$

주변관측소와 정상연평균강우량의 차이가 10%이상이므로 산술평균법의 사용에 무리가 있어 가중값을 사용한다.

$$\therefore P_x=\frac{800}{3}\left[\frac{80}{850}+\frac{105}{1100}+\frac{88}{950}\right]\fallingdotseq 75.3\mathrm{mm}$$

3.7 자료의 일관성

측정된 강우자료가 일관성(consistency)을 잃게 되는 원인은 여러 가지가 있다. 기상학적 원인, 관측기기의 교환, 관측기기 설치장소의 이동, 관측원이나 관측절차 및 시간의 변경 등이 대표적인 원인이다. 이러한 변화를 검토하는 방법으로는 이중누가곡선(double mass curve)의 분석을 통하여 실행한다. 이 곡선은 주변의 여러 관측소에서 연평균강우량의 평균누가우량과 검토하고자 하는 관측소의 연평균누가강우량을 비교함으로써 만들어진다. 이 방법은 기상학적 동질성이 있는 관측소에서 누가값은 다른 누가값과 선형관계를 가진다는 원리를 이용한 것이다. 이중누가곡선법은 주변에 기상학적 동질성이 양호한 관측소의 수가 많아야 하며 대체로 10개 이상의 관측소를 선택한다. 이중누가곡선의 경사가 급변할 경우에는 특별한 사유가 발생되었음을 추측할 수 있다. 산악지형과 같이 고도에 따라 강우량의 차이가 크고 가까운 관측소라도 기상학적 특성이 다를 경우가 많으므로 이 방법의 적용시 세심한 주의를 요한다. 이중누가곡선의 경사변화가 적어도 5년 이상 지속되지 않으면 산악지형과 같은 이유로 변화가 발생되었다고 판단하기에는 어렵다.

주변 관측소의 자료에 일관성이 적을 경우에는 이중누가곡선법에 다소의 오차가 내포되므로 통계적인 방법(t-test)을 사용하여 검증한다. 또한 이중누가곡선법은 주로 연평균강우량이나 계절강우량 등의 장기간 강우량에 대하여 사용할 수 있으나 변화가 심한 시간이나 일강우량에 대해서는 사용하지 않는다. 강우량 자료의 일관성을 검증하는 방법을 정리하면 다음과 같다.

① **누가 우량 곡선(rainfall mass curve)에 의한 추정** : 자기우량계에 의하여 기록되는 누가우량의 시간적 변화 상태를 기록한 연속시간분포로 강우가 클수록 곡선의 경사가 커진다.

② **이중 누가 우량 분석(double mass analysis)** : 장기간에 걸친 강수량 자료의 일관성을 검사 또는 교정하는 방법

- 주변에 있는 여러 개의 관측소의 연평균 강우량의 평균 누가 우량과 검증하고자 하는 관측소의 연평균 누가 강우량과 비교함으로써 이루어진다.
- 이중누가우량곡선이 직선으로 표시되면 자료의 일관성이 있다고 판단된다.
- 기상학적 특성이 매우 다른 산악 지형에 사용되며, 통계적 방법에 의하여 검증된다.

3.8 유역의 평균강우량

총 강우량, 시간우량이나 특정한 지속기간내의 강우량을 유역에 따른 평균값을 구하기 위하여 강우량관측소에서 얻어진 각 지점강우량(point rainfall)을 이용하여 추정한다. 대체로 어느 유역내의 강우량관측소가 균등하고 세밀하게 배치되어 있다면 큰 문제가 없겠으나 실제로는 수십 km^2~수백 km^2의 넓은 구역에 1개 정도의 비율로 배치되어 있다. 이러한 지점강우량자료로부터 각각의 지점 관측값이 어느 정도 유역의 강우상황을 대표할 수 있는가를 고려하여 면적에 대한 평균강우량을 얻을 필요가 있다. 유역의 평균강우량 산정방법은 여러 방법이 제안되고 있으나 일반적으로 산술평균법, Thiessen법, 등우선법, 삼각형법 등이 사용되고 있다.

3.8.1 산술평균법

가장 빠르고 간편한 방법으로 유역 내 관측점들 사이에 강우분포가 균일한 기상학적 동질성이 있다고 판단되는 비교적 평탄하고 소규모유역에 사용될 수 있는 방법으로 단순하게 유역 내의 자료를 평균하는 방법이다.

$$P_m = \frac{\sum P_i}{n} = \frac{P_1 + P_2 + \cdots + P_n}{n}$$

여기서 P_m : 유역의 평균강우량

$\sum P_i$: 각 관측소강우량의 합

n : 유역 내 강우관측소의 수

유역 내 관측소가 균등하게 배치되어있고 관측소간의 강우량 차이가 적다고 하면, 이 방법은 비교적 정확한 결과를 보여준다.

3.8.2 Thiessen 법

Thiessen은 강우관측소의 배치가 불균등하게 치우쳐져 있는 경우에 지도상 각각의 강우관측소가 지배하는 면적을 다각형(Thiessen polygon)으로 작성한 후 면적을 가중인자(weighting factor)로 사용하여 유역의 평균강우량을 산정하며 그 절차는 다음과 같다.

① 유역 내 강우관측지점을 이어서 3각형의 망(Thiessen network)을 만들며 가능한 한 정삼각형에 가깝도록 한다.

② 삼각형 각 변의 수직이등분 선을 그리며 이 선으로 강우관측소를 둘러싸는 다각형를 만든다. 이러한 다각형의 중심에 가깝게 위치하게 되는 강우관측소의 관측값은 그 면적을 대표할 수 있는 것으로 하며, Thiessen 망의 작성과정은 [그림 3.17]에 있다.

③ 각각의 가중면적은 그 안에 위치한 강우관측소의 영향으로 가정되어 전체유역면적에 대한 유역의 평균강우량을 다음과 같은 식으로 산정한다.

$$P_m = \frac{\sum A_i P_i}{\sum A_i} = \frac{A_1P_1 + A_2P_2 + \cdots + A_nP_n}{A_1 + A_2 + \cdots + A_n}$$

여기서 $\sum A_i$: 유역의 총면적

A_i : 관측소 1개의 면적

P_i : 관측소 1개에서 관측된 강우량

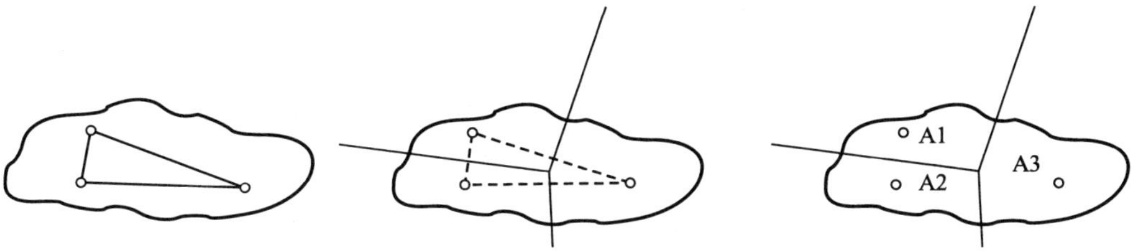

그림 3.17 Thiessen도의 작성물의 순환

Thiessen법에 의하여 산정된 결과는 단순한 산술평균법에 의한 결과보다 대체로 정확하다. 강우관측소의 분포상태를 고려한 방법이기는 하지만 관측망이 변화할 때마다 새로운 Thiessen망을 그려야 하며 산악효과 등 지형적 효과는 무시되고 있는 단점이 있다. 이러한 단점에도 불구하고 현재 가장 많이 사용되고 있는 방법이다.

3.8.3 등우선법

지점강우량을 지도상에 표시하고 특정기간 중이거나 특정의 호우에 의한 강우량이 같은 지점을 선으로 연결한 등우선(isohyet)을 이용한 방법이다. 연결된 등우선 사이의 평균강우량은 2개의 등우선값을 산술평균하여 등우선사이의 면적에 가중되며, 이를 유역전체면적에 대해 합산하고 총면적으로 나누어 산정된다.

$$P_m = \frac{\sum A_i P_{im}}{\sum A_{i} = \frac{A_1P_{1m} + A_2P_{2m} + \dots + A_nP_{nm}}{\sum A_1 + A_2 + \dots A_n}}$$

여기서 $\sum A_i$는 전체유역면적

P_{im} : 서로 인접한 등우선의 강우량 P_1과 P_2사이의 평균강우량

A_i : 인접한 등우선으로 연결된 등우선 사이의 면적

이 방법은 유역면적이 크고 비례적으로 해석될 때 가장 좋은 결과를 보여준다.

3.8.4 삼각형법

유역내와 유역 주변의 강우관측소사이를 삼각형이 구성되도록 직선으로 연결하여 삼각형면적내의 평균우량은 삼각형을 구성하고 있는 관측소의 평균으로 한다. 이 평균강우량과 삼각형의 면적을 곱한 후 전체 삼각형을 구성하고 있는 다각형의 면적으로 나누어 평균강우량을 산정한다. [그림3.18]와 같은 경우에 다음과 같은 계산과정으로 구한다.

$$P_m = \frac{A_1}{A}\left(\frac{P_1 + P_2 + P_3}{3}\right) + \frac{A_2}{A}\left(\frac{P_2 + P_3 + P_4}{3}\right) + \cdots + \frac{A_6}{A}\left(\frac{P_5 + P_6 + P_7}{3}\right)$$

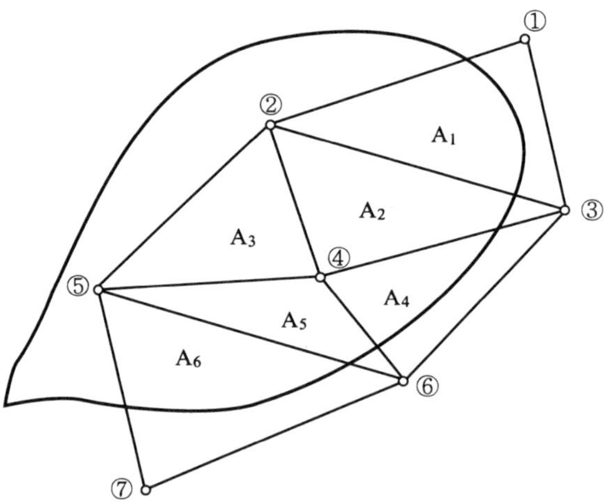

그림 3.18 삼각형에 의한 유역평균강우량

표 3.4 유역의 평균강우량 산정방법의 장단점

	산술 평균법	Thiessen법	등우선법	삼각형법
방 법	객관적	객관적	주관적	객관적
속 도	빠름	보통	매우느림	보통
지 형	고려하지 않음	고려하지 않음	고려함	고려하지 않음
오차의 수정	고려할 수 없음	고려할 수 없음	고려함	고려할 수 없음
계산기 적용	좋음	보통	빈약	보통
정확도	일반적으로 빈약	보통	좋음	보통

이와 같은 유역의 평균강우량산정방법에는 각 방법간에 장단점이 있으며, 이를 정리하면 [표 3.4]와 같다.

일반적으로 산술평균법은 빠르고 적용하기가 쉬운 반면, 관측소의 분포가 균등하지 않을 경우에 정확성은 떨어진다. Thiessen법과 삼각형법은 산술평균법보다는 다소 계산상의 복잡성이 있으나 산악지역 또는 기상학적 동질성이 없는 지역에서는 산술평균법보다 정확하다. 등우선법은 여기에 제시한 방법 중 가장 정확하다고 할 수 있으나, 그 정확성은 등우선도를 얼마만큼 정확하게 작성하는가에 따라 좌우되며, 정확한 등우선을 작성하려면 매우 조밀한 강우량관측소가 대치되어야 하므로 실제 이용되기는 극히 힘들다고 할 수 있다.

3.9 강우자료의 해석

일강우량자료로부터 산정되는 월 및 연강우량은 우량관측소의 우량계로부터 얻을 수 있는 자료이다. 각종 수문해석 및 설계에서 일, 월, 연간 총 강우량만으로는 수문학적 문제의 해결이 곤란하며 강우강도(intensity rainfall), 지속기간(duration), 생기빈도 또는 재현기간(frequency) 및 지역적 범위(areal extent)에 관한 자료가 필요하게 된다. 강우강도는 단위시간에 내리는 강우량(mm/hr)이며, 지속기간은 강우가 계속 이어지는 시간을 말한다. 생기빈도는 일정한 기간동안에 어느 크기의 호우가 발생할 횟수를 말하며 대체로 임의의 강우량이 1회 이상 같거나 초과되는데 소요되는 변수로 표시되며 재현기간(recurrence interval)이라고도 한다. 어떤 관측지점의 연평균강우량이 평균 50년에 한 번씩 1,500mm를 초과한다면 이 우량의 재현기간은 50년이며 생기확률(probability of occurrence)은 1/50이다. 지역적 범위는 지점우량을 적용시킬 수 있는 면적인 공간적 범위를 의미한다.

3.9.1 강우강도와 지속기간 관계

강우강도와 지속기간의 관계(rainfall intensity-duration relationship)는 도시지역의 우수거 설계, 도로를 횡단하는 암거 설계, 비행장의 배수설계 등을 위한 설계유량 결정에 사용된다. 이 관계에는 일반적으로 지역적 특성을 포함하므로 각 지역별로 취득한 강우량을 사용하여 지속기간별 최대강우량을 결정하여 얻는다. 또한 이 관계에 확률년의 개념을 도입하여 확률강우강도라 하기도 한다.

강우강도와 지속기간의 관계를 그림으로 나타내면 [그림 3.19]와 같이 서로 반비례함을 볼 수 있으며 이로부터 일반적으로 강우강도가 크면 강우가 계속되는 지속기간은 짧게 나타낸다.

지역에 따라 다르긴 하여도 강우강도와 지속기간 관계를 표현하는 식은 다음과 같은 세 가지 유형의 경험식이 있다.

① Talbot형 : $I= \dfrac{a}{t+b}$

② Sheman형 : $I= \dfrac{c}{t^n}$

③ Japanese형 : $I= \dfrac{d}{\sqrt{t}+e}$

여기서 I : 강우강도 (mm/hr)

t : 지속기간(min)

a, b, c, d, e, n : 관측소가 있는 지역에 따른 상수 I와 t에 관한 자료로 최소자승법(method of least squares)에 의해 결정

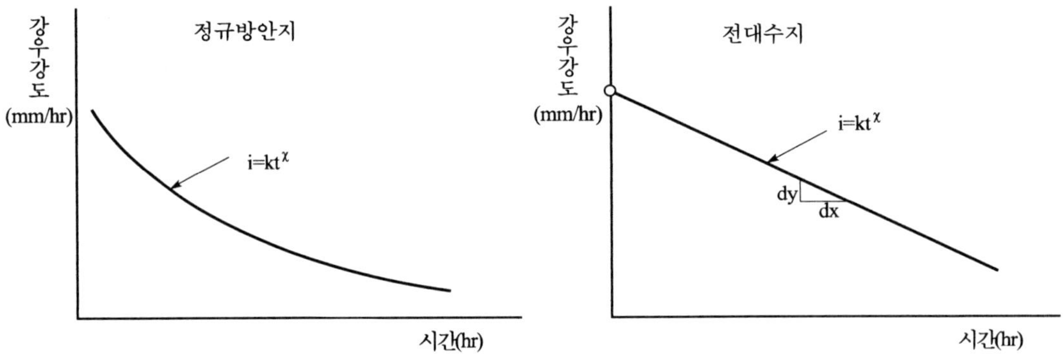

그림 3.19 강우강도와 지속기간과의 관계

예제 3.1

어떤 유역에 30분간 계속된 집중호우로부터 기록된 5분간 강우량값이 아래의 표와 같을 경우 자료로부터 지속기간별 최대강우강도를 산정하시오.

시간(min.)	0 ~ 5	5 ~ 10	10 ~ 15	15 ~ 20	20 ~ 25	25 ~ 30
우량(mm)	3.0	5.0	6.0	4.0	10.0	5.0

풀이

표로부터 지속기간별 최대강우강도를 결정한 다음 지속기간 1시간에 해당하는 최대강우량으로 환산함으로써 아래의 표와 같이 각 지속기간에 대한 최대강우강도를 얻게 된다.

지속기간(min)	최대우량(mm)	강우강도 (mm/hr)	지속기간(min)	최대우량(mm)	지속기간 (mm/hr.)
5	10.0	110.0	25	30.0	72.0
10	16.0	96.0	30	33.0	66.0
15	21.0	84.0	40	33.0	49.5
20	26.0	78.0	50	33.0	39.6

표 3.5 서울과 인천의 재현기간별 강우강도공식(이원환 공식)물의 순환

[t 단위 : 분]

관측소	재현기간(년)					
	2	5	10	20	30	50
서울	$\frac{300}{\sqrt{t}+0.22}p$	$\frac{420}{\sqrt{t}+0.19}$	$\frac{497}{\sqrt{t}+0.15}$	$\frac{569}{\sqrt{t}+0.11}$	$\frac{610}{\sqrt{t}+0.09}$	$\frac{660}{\sqrt{t}+0.05}$
인천	$\frac{289}{\sqrt{t}+0.58}$	$\frac{400}{\sqrt{t}+0.39}$	$\frac{474}{\sqrt{t}+0.34}$	$\frac{529}{\sqrt{t}+0.15}$	$\frac{9826}{\sqrt{t}+60}$	$\frac{10504}{\sqrt{t}+58}$

3.9.2 강우강도-지속기간-생기빈도 관계

강우강도-지속기간의 관계에 강우의 생기빈도개념이 도입되면 [그림 3.20]과 같이 강우강도 - 지속기간 - 생기빈도곡선(rainfall intensity-duration-frequency curve : IDF curve)이라 하며 서울의 자료로 작성된 것이다.

IDF곡선은 다음의 절차를 따라 그린다.

(1) 강우기록이 수 십 년간 있다면 기록된 기간 동안 변화된 강우기록은 최대깊이 또는 최대강우강도의 역순서로 배열된다.

(2) 이와 같이 역순서로 감소될 때, n 값이 총 개수와 특정 호우수(최대깊이 또는 최대강우강도)가 m 이라면, 그 호우의 크기에 대한 재현기간(T)은 다음과 같은 식으로 나타낸다.

① 캘리포니아 방법(California method, 1923) : $T= \dfrac{n}{m}$

② Hagen 방법(Hagen's method, 1930) : $T= \dfrac{n}{\left(\dfrac{m-1}{2}\right)}$

③ Weibull 방법(Weibull method, 1939) : $T= \dfrac{n+1}{m}$

또한 재현기간 T의 호우에 대한 생기빈도 F는 다음과 같이 나타낸다.

$$F= \frac{1}{T}\times 100\,\%$$

강우량은 빈도곡선(frequency curve)이 지속기간에 따라 감소되어 표시된다. 재현기간은 주어진 크기의 호우수가 한 번 발생이 예상되는 즉, 초과되는 동안의 연평균기간이며, 생기

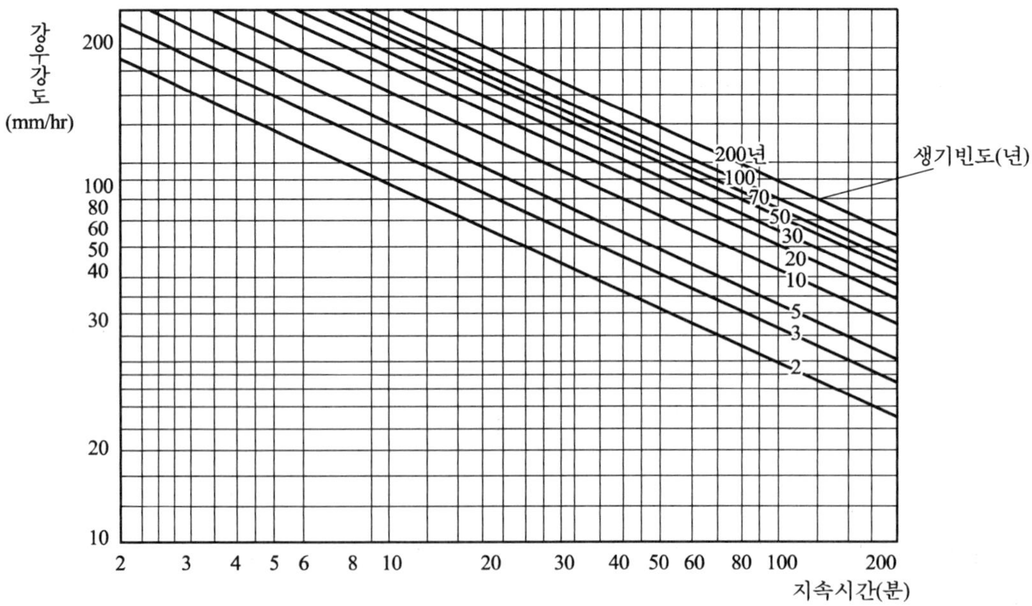

그림 3.20 강우강도 – 지속기간 – 생기빈도관계(서울지방)

빈도 F는 주어진 크기의 호우가 같거나 초과되는 동안의 백분율이다. 예를 들어 주어지 크기의 호우가 10년에 한번 발생된다면, 재현기간$T=10$ 년이고 그 초과되는 확률 $F=1/10\times100\,\%$ 이므로 생기빈도는 재현기간의 역수를 백분율로 나타낸 것이다.

재현기간 T년의 호우 또는 생기빈도 $F=1/T\times100\,(\%)$의 호우가 N년에 발생되지 않을 확률은 다음과 같다.

$$P=(1-F)^N$$

이 호우가 발생될 확률은 다음과 같다.

$$P'=1-(1-F)^N$$

여기서 P' : N년 안에 재현기간 T년 호우의 발생확률

예를 들어 재현기간 10년 호우의 확률($T=10$ 년, $F=10\,\%$)은 다음 10년 안에 발생되지 않을 확률이 $(1-0.1)^{10} \fallingdotseq 0.35$ 또는 약 35%이며, 발생될 확률은 1−0.35=0.65 또는 65%이다.

만일 강우강도−지속기간 곡선에 서로 다른 재현기간을 가진 호우로서 나타내어지면 IDF 곡선식을 다음과 같은 식으로 표현된다.

① Sherman : $I=\dfrac{KT^x}{t^n}$

② 이원환 : $I=\dfrac{a+b\log_{10}T}{t^n+c}$

여기서 I : 강우강도(mm/hr)

t : 지속기간(mm)

T : 재현기간(년)

k, x, n, a, b, c : 지역에 따라 결정되는 상수

3.9.3 평균강우량 깊이-유역면적 관계

유역 전반에 걸쳐 여러 유형의 강우가 균일하게 발생하기는 매우 드물고, 일정한 강우지속기간 동안의 평균강우량 깊이는 호우의 중심점으로부터 멀어질수록 점차 감소하게 된다. 여기서 평균강우량깊이는 어느 유역에 내린 총강우량을 유역면적으로 나눈 유역상의 등가우량수심(mm)을 의미하므로 강우의 중심점으로부터 면적이 증가됨에 따라 평균강우량깊이는 점차 작아지며 강우강도 또한 작아진다. 이와 같이 강우강도와 지속기간, 강우량과 면적의 관계를 일률적으로 표현하기는 어려우므로 통계적방법을 사용하여 일반적인 경향을 판단하는데, Horton은 강우량깊이-유역면적곡선(depth-area curve, DA curve)을 다음과 같은 경험식으로 표현하였다.

$$P_m = P_0 \cdot e^{-kA^n}$$

여기서 P_m : 면적 A 인 지역에 일정한 지속기간을 가진 평균강우량(mm)
P_0 : 유역내 강우중심지점에 내린 최대우량(mm)
k, n : 강우특성에 따라 결정되는 상수

상기의 식과 같이 대체로 유역면적이 증가함에 따라 지수함수 형태로 강우량 깊이는 감소됨을 알 수 있다. [그림 3.21]은 미국기상청(U.S. Weather Bureau, USWB)이 만든 평균강우량 깊이-유역면적관계를 나타낸 곡선이며, 강우지속기간의 영향도 표현되었다. [그림 3.21]로부터 지점강우량에 대한 백분율은 유역면적이 증가할수록 감소하며 지속기간이 짧을수록 곡선의 기울기는 급하게 된다.

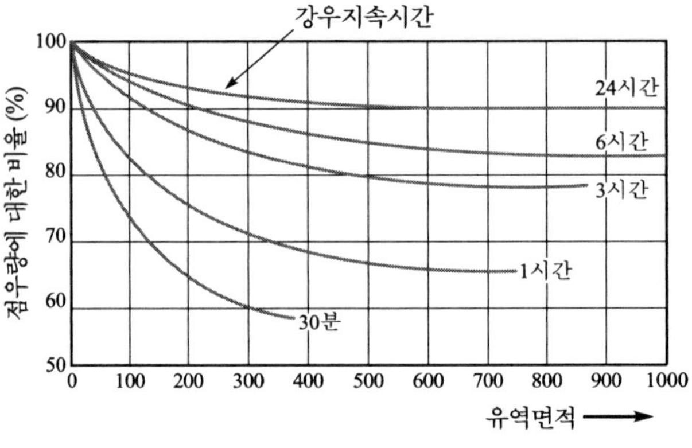

그림 3.21 평균우량깊이-유역면적관계

3.9.4 평균우량깊이－유역면적－지속기간 관계

여러 크기의 유역면적에 여러 지속기간을 가진 강우가 발생할 때 예측되는 지속기간별 최대강우를 유역별로 정해두면 우수거(storm sewer), 고속도로 등의 배수구(culvert)설계나 지하수 흐름에 대한 하천수위의 시간적 변화가 주는 영향 등 제반 수문학적 분석에 유용할 것이다. 이를 위해 평균 강우량깊이－유역면적－지속기간 관계(rainfall depth－area－duration relationship)를 분석하며 DAD해석이라고 한다. DAD해석의 일반적인 절차는 다음과 같다.

① 선택된 유역의 강우 자료 중 최고강우자료를 택한다.
② 유역내 및 주변의 우량 관측소의 누가우량곡선을 얻는다.
③ Thiessen 방법에 의하여 Thiessen 다각형을 구한다.
④ 강우 자료에 의하여 등우선도를 작성한다.
⑤ 각 등우선 내의 면적을 구한다.
⑥ 각 등우선 구간에 대하여 평균누가우량곡선을 구한다. 즉 등우선 내에 포함되어 있는 관측소의 누가우량곡선을 Thiessen다각형을 참조하여 각 관측소의 가중값을 구한 다음, 이 가중값을 곱하여 평균누가우량곡성을 구한다.
⑦ 등우선 내의 면적을 점차적으로 합하면서 면적이 증가되는 데에 따른 평균 누가우량곡선을 구한다. 이 때 가장 큰 등우선 내의 면적부터 실시한다.
⑧ ⑦에서 구한 면적별 평균누가우량곡선으로부터 지속 시간에 따른 최대강우량을 구한다.
⑨ 앞의 ⑧에서 구한 면적별, 지속시간별 강우량을, 면적은 종축, 강우량은 횡축, 지속시간을 매개변수로 하여 그래프를 그린다.

다음의 예제를 통하여 강우량깊이－유역면적관계 및 DAD해석이 쉽게 설명될 수 있다.

예제 3.5

다음과 같이 강우가 발생하였을 때 강우깊이-면적과의 관계를 구하여라.

풀이

(1) 자료를 이용하여 등우선도를 작성한다.
(2) 등우선 내의 면적을 계산한다.
(3) 등우선 내의 평균 강우량을 계산한다.
(4) 등우선 내의 면적과 평균강우량을 도시한다. 즉, 표(1)에서 ②와 ⑦을 도시한다.

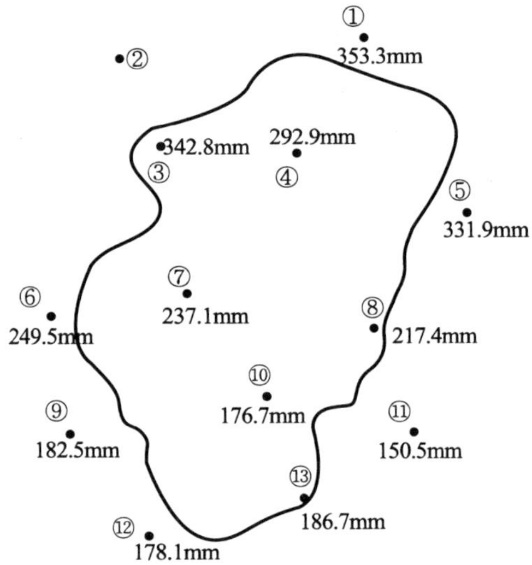

[그림(1)] 우량의 지역적 분포

표(1) 강우 깊이-면적 관계의 계산

①	②	③	④	⑤	⑥	⑦
등 우 선	누가 면적	등우선간 면적	평균 강우	③×④	Σ⑤	⑥/②
300	426	426	325	138,450	138,450	325.0
250	742	316	275	86,900	225,350	303.7
200	1200	458	225	103,050	328,400	273.7
150	1557	357	175	62,475	390,875	251.0
100	1673	116	125	14,500	405,375	242.3
〈100	1687	14	90	1,260	406,635	241.0

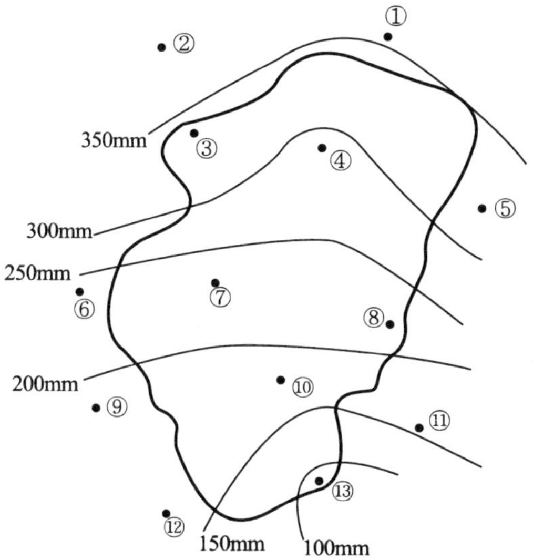

[그림(2)] 등우선도의 작성

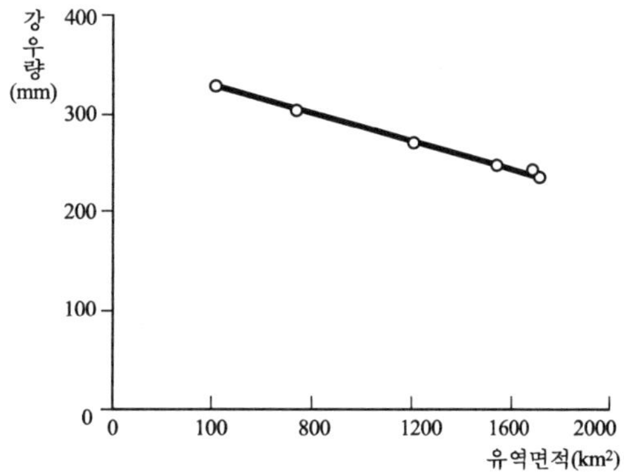

[그림(3)] 강우깊이-면적 관계 곡선

3.10 강수의 시간적 및 지리적 변화

3.10.1 강수의 시간적 변화

강수량은 1년 중의 특정 시기 또는 계절에 따라 그 크기가 다르며 어느 시기에 내리는 가는 식생과 인간생활에 큰 영향을 주는 중요한 요소이다. 강수량은 매년 변화가 크며 이와 같은 변화에 대한 평균값의 편차나 변동률은 여러 방법으로 표현된다.

표(1) 강우 깊이-면적 관계의 계산

①	②	③	④	⑤	⑥	⑦
등 우 선	누가 면적	등우선간 면적	평균 강우	③×④	Σ⑤	⑥/②
300	426	426	325	138,450	138,450	325.0
250	742	316	275	86,900	225,350	303.7
200	1200	458	225	103,050	328,400	273.7
150	1557	357	175	62,475	390,875	251.0
100	1673	116	125	14,500	405,375	242.3
〈100	1687	14	90	1,260	406,635	241.0

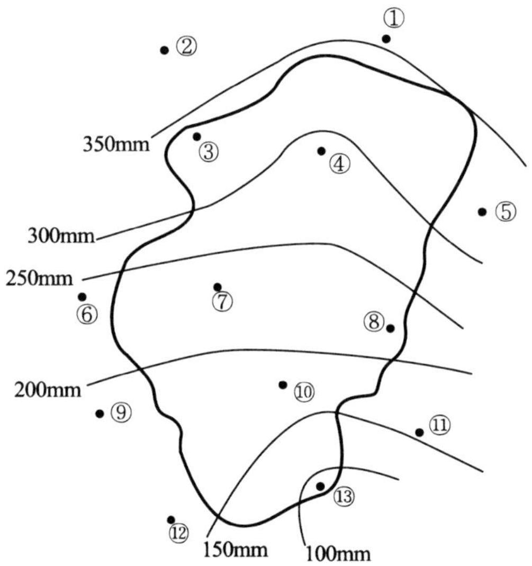

[그림(2)] 등우선도의 작성

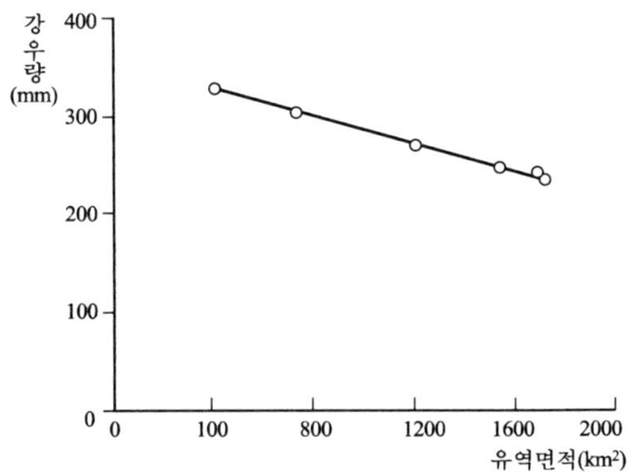

[그림(3)] 강우깊이-면적 관계 곡선

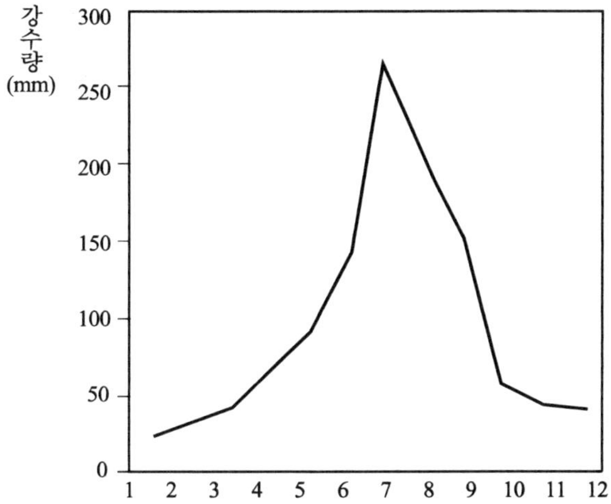

월	1	2	3	4	5	6	7	8	9	10	11	12
평균강수	24.9	28.8	45.8	81.3	90.7	146.2	271.7	208.0	136.7	50.2	40.5	34.4

그림 3.22 우리나라 평균 월별강수량의 변화

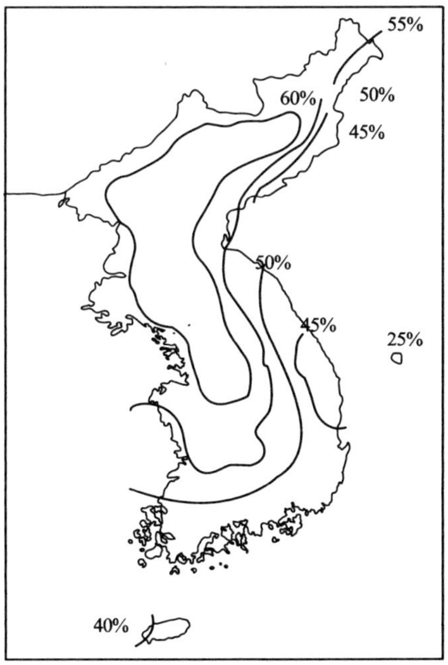

그림 3.23 여름철 강수량 비율

우리나라의 연간 강수량은 [그림 3.22]와 같으며, 심한 계절성을 보여 연평균강수량의 약 2/3 정도가 6~9월에 편중되어 있고, 여름철에 내리는 강수량 비율은 [그림 3.23]에 정리되었다. 한편 연평균강수량의 경년적 변동폭은 약 600~2,000mm이다.

3.10.2 강수의 지리적 변화

일반적으로 강수량은 적도부근에서 가장 크고 위도가 높아지면서 감소하지만 [그림 3.24]과 같이 우리나라의 연평균강수량 분포도에서 보는 바와 같이 등우선이 불규칙적인 모습을 나타낸다. 이로부터 강수량의 지리적 또는 공간적 분포는 적도로부터의 거리뿐만 아니라 해안지역, 산악지역 등에도 상당한 영향을 받음을 알 수 있다. [그림 3.24]에서와 같이 우리나라의 연평균강수량은 제주도 및 남부의 중앙부근지역에 가장 많고 중동부지역이 가장 적다.

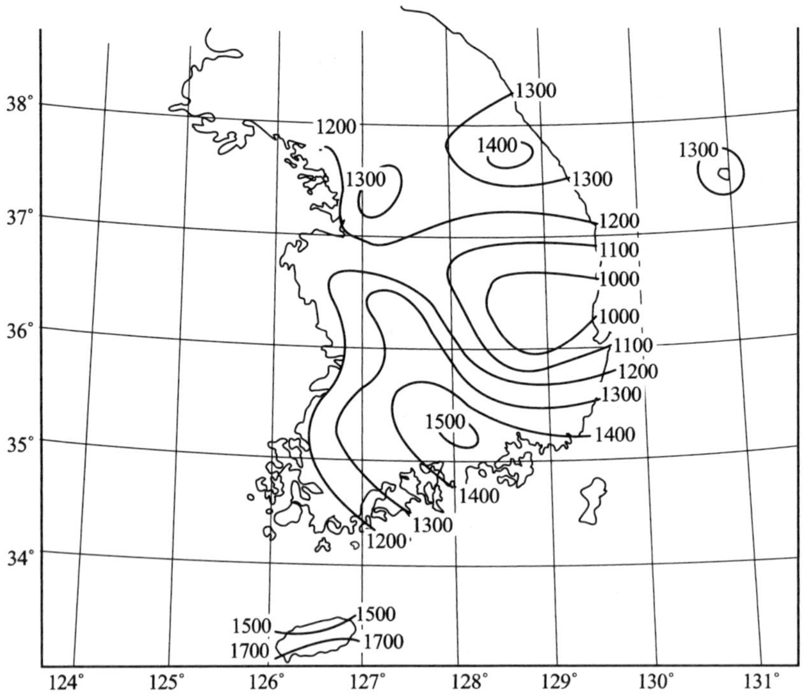

*중앙기상대(1982)

그림 3.24 우리나라의 연평균강우량 분포도(mm)

핵심용어 및 내용

1. 강수의 정의 : 구름이 응축되어 지상으로 낙하되는 모든 형태의 수분을 총칭

2. 강수가 이루어지기 위한 조건
   ㉠ 공기가 이슬점(dew point)까지 냉각되어야 한다.
   ㉡ 수분입자를 형성시킬 수 있는 응결핵(condensation nuclei)이 존재해야 한다.
   ㉢ 응결된 소수분 입자를 점점 크게 할 수 있어야 한다.
   ㉣ 충분한 강도의 수분을 집적해야 한다.

3. 냉각과정에 따른 강수의 분류

구분	설명
대류형 강수 (convective precipitation)	짧은 지속시간을 갖는 열대지방의 소나기와 같이 낮은 강도의 강우가 형성되는 냉각과정(단열냉각)에 의하여 형성되는 강수.
전선형 강수 (frontal precipitation)	온도와 밀도가 다른 두기단(air mass)이 서로 충돌할 때 그 접촉면(front)에서 발생하는 강수.
산악형 강수 (orographic recipitation)	습한 공기가 산과 같은 물리적 장애물에 부딪혀 형성되는 강수. (=지형성 강수)

4. 강수 결측자료의 보완

▶ 산술평균법 : $P_x = \frac{1}{3}(P_A + P_B + P_C)$

▶ 정상 년강수량 비율법 : $P_x = \frac{N_x}{3}\left(\frac{P_A}{N_A} + \frac{P_B}{N_B} + \frac{P_C}{N_C}\right)$

▶ 단순비례법 : $P_x = \frac{N_x}{N_Z} \cdot P_Z$

5. 강수 자료의 일관성 검증
   ① 누가 우량 곡선(rainfall mass curve)에 의한 추정 : 자기우량계에 의하여 기록되는 누가 우량의 시간적 변화 상태를 기록한 연속시간분포로 강우가 클수록 곡선의 경사가 커진다.
   ② 이중 누가 우량 분석(double mass analysis) : 장기간에 걸친 강수량 자료의 일관성을 검사 또는 교정하는 방법

- 주변에 있는 여러 개의 관측소의 연평균 강우량의 평균 누가 우량과 검증하고자 하는 관측소의 연평균 누가 강우량과 비교함으로써 이루어진다.
- 이중누가우량곡선이 직선으로 표시되면 자료의 일관성이 있다고 판단된다.
- 기상학적 특성이 매우 다른 산악 지형에 사용되며, 통계적 방법에 의하여 검증된다.

6. 유역의 평균강우량 산정

▶ 산술평균법 : 약 500 km^2미만의 유역면적에 사용

$$P_m = \frac{P_1 + P_2 + \ldots + P_N}{N} = \frac{1}{N}\sum_{t=1}^{N} P_i$$

▶ Thissen의 가중법

유역면적 500 ~ 5,000 km^2의 범위에 사용하며 지형의 영향을 고려할 수 없는 단점이 있다.

$$P_m = \frac{A_1P_1 + A_2P_2 + \ldots + A_NP_N}{A_1 + A_2 + \ldots + A_N} = \frac{\sum_{i=1}^{N} A_i \cdot P_i}{\sum_{i=1}^{N} A_i}$$

▶ 등우선법 : 유역면적 5,000 km^2이상에 사용하며 산악의 영향이 고려되는 지역에 적용

7. 강우강도

강수량 자료의 각종 수문학적 해석 및 설계를 위해서는 강우강도(rainfall intensity), 지속기간(duration), 생기빈도(frequency) 및 지역적 범위 등에 관한 해석이 필요

구분	설명
강우강도(intensity)	단위시간에 내리는 강우량.(mm/hr)
지속시간(duration) (=지속기간)	강우가 계속되는 기간. 통상 분(min)으로 표시.
생기빈도 (rainfall frequency) (=재현기간)	일정한 기간동안에 어떤 크기의 호우가 발생할 회수를 의미함. 통상 임의의 강우량이 1회 이상 같아지거나 초과되는데 소요되는 연수로 표시. 즉, 어느 관측점의 연평균 강우량이 평균 100년에 한번씩 1500mm를 초과한다면 이 연평균 강우량의 재현기간은 100년이며 생기확률은 1/100 이다.

▶ 경험공식

Talbot 형 : $I = \frac{a}{t+b}$, sherman 형 : $I = \frac{c}{t^n}$

Japanese 형: $I = \frac{d}{\sqrt{t}+e}$

▶ n시간 연속 최대 강우강도

$$I = n\text{시간최대강우량} \times \frac{60}{\text{지속시간(분)}}$$

8. D.A.D analysis (Depth–Area–Duration Analysis)

평균우량깊이-유역면적-강우지속기간 관계의 해석으로 암거나 고속도로의 배수구(culvert) 설계에 사용

※ 강우강도 – 지속기간 – 생기빈도 관계해석(Intensity–Duration–Frequency curve : I.D.F. 해석)

① 강우강도, 지속기간에 강우의 생기확률을 제 3의 변수로 도입하여 수문 설계에 유용한 곡선을 얻을 수 있다.

② 관계식의 예 (서울 지방의 확률 강우강도식)

$I = \frac{k \cdot T^x}{t^n}$ 여기서, T : 강우의 생기빈도(재현기간)

k, x, n : 지역에 따른 상수, t : 지속시간(min)

9. 최대 가능 강수량 (P.M.P : Probable Maximum Precipitation)

(1) 어떤 유역에 태풍이나 호우 등 최악의 기상조건과 수문조건이 동시에 발생한 경우 유역에 내릴 수 있는 가상의 최대강우량

(2) 대규모 수공구조물의 설계홍수량을 결정하거나 매우 중요한 수공구조물을 설계시 기준으로 삼는 우량

(3) 최악의 기상조건과 수문조건이 동시에 발생하므로 물리적으로 발생가능한 강수량의 최대 한계치를 나타냄

(4) 가능최대 홍수량을 결정하는 기준으로 사용하며, 과거에 일어났던 호우정보들로부터 통계적 방법에 의해 추정하여 결정

되짚어 보기

1. 강수가 형성되는 조건을 설명하시오.

2. 강수의 종류를 쓰고 간단하게 설명하시오.

3. 냉각과정에 따라 강수를 분류하시오.

4. 관측소 X지점의 강우기록계가 작동고장으로 결측되었다. 주변의 관측소 A, B, C자료가 다음과 같을 때 결측지점의 강우량을 보완하라.

관측소	정상연평균강우량(mm)	일 강우량(mm)
X	845	결측
A	960	83
B	1125	115
C	945	95

5. 이중누가우량분석을 설명하시오.

6. 어느 도시의 하수도 배수계획에서 30분간의 강우강도가 Talbot식으로 나타낼 경우 강우량을 산정하시오.(단, I = b/(t+a), a = 50, b = 5,000)

7. 어느 유역에 30분간 지속되는 강우기록이 아래의 표와 같을 경우, 5분간 지속되는 최대강우강도를 산정하시오.

시간(min.)	0 ~ 5	5 ~ 10	10 ~ 15	15 ~ 20	20 ~ 25	25 ~ 30
우량(mm)	4.0	2.0	7.0	5.0	9.0	3.0

8. 여주시의 하수도 계획에 있어서 20분간 계속 강우강도가 90mm/hr일 때 강우량은?

9. 남한강 유역에 20분간 계속강우가 15mm있었다면 강우강도를 계산한 값은?

10. DAD해석을 설명하시오.

11. 어느 유역의 면적과 강우량이 아래의 표와 같을 경우 Thiessen법으로 평균강우량을 산정하시오.

관측점	A	B	C	D	E
지배면적(km^2)	17	22	15	12	25
강우량(mm)	33	20	30	25	40

10. 강수의 시간적 및 공간적 변화를 설명하시오.

CHAPTER 04

증발과 증산

CHAPTER 04

증발과 증산

evaporation and transpiration

지표에 내리는 강수량의 많은 부분은 증발, 증산, 승화현상에 의해 대기 중으로 되돌아가고 남은 물이 침투, 침루, 지하수 및 지표수 흐름 등과 같은 여러 과정을 거쳐 유출 즉, 하천흐름의 형태로 흐른다. 증발(evaporation)은 수문순환을 반복시키는 태양열 에너지로부터 수표면이나 토양표면의 물이 액체상태에서 기체상태로 변환하는 과정이며, 물 1그램(gram)을 증발시키는데는 약 600cal의 열량이 소요된다. 승화(sublimation)는 증발과 유사하나 물이 눈이나 얼음과 같은 고체상태에서 액체상태를 거치지 않고 곧바로 기체상태로 변화하는 점이 다르다. 물은 동물의 생명유지에 필수적일 뿐만 아니라 식물의 호흡과 탄소동화작용을 하는데 필수적인 요소로서 식물의 잎을 통해 토양 속의 물이 수증기의 형태로 대기 중에 방출되며 이를 증발과는 구별하여 증산(transpiration)이라 한다. 이와 같이 증발과 증산에 의한 물의 기체화를 총칭하여 증발산(evapotranspiration)이라고도 한다.
지구전체를 생각하면 증발산의 총량은 총강수량과 같아야하므로 지역적으로 볼 때 증발산은 물의 손실이라 생각할 수 있다. 물 손실의 종류를 정리하면 다음과 같다.

① **차단손실** : 식물표면, 도시의 빌딩 등에 기인
② **증발** : 저수지, 호수, 웅덩이, 하천 등의 수면 및 토양표면
③ **증산** : 식물의 잎을 통하여 수분의 대기 중 방출
④ **침투** : 지표면에서 토양 속으로 수분이 스며듬

수자원개발계획을 수립하거나 수자원 시스템의 운영 또는 홍수통제 등은 지표면이나 지하를 통해 형성되는 하천수를 대상으로 하므로 지상에 도달하는 총 강수량의 약 70%가 대기 중으로 돌아가는 증발산은 수문순환과정의 중요한 요소이다. 즉, 수자원을 개발하고자 하는 지점에서의 증발산량을 정확하게 산정하는 것은 지표면이나 하천을 통하여 흐를 수 있는 양을 파악할 수 있게 하여 가용수자원 중 순수하게 이용가능한 양을 추정할 수 있게 한다. 증발산 산정은 단기적 보다는 비교적 장기간 동안 수자원의 양적 손실정도를 판단하는 기준이 되는데, 홍수예보 등은 비교적 짧은 기간동안에 발생하는 호우를 대상으로 하므로 증발산량 등

이 강우강도에 비하여 매우 작으므로 무시하는 것이 일반적이다. 이와 같이 수문순환과정 중에서 증발산량은 이수면에서 중요한 고려대상이며 치수면에서는 무시할 수 있는 과정이라 할 수 있다.

4.1 증발에 영향을 미치는 지배인자

증발율(evaporation rate)은 수표면 등에서 물분자들이 태양의 열에너지를 얻어 수표면을 뚫고 대기 중으로 나가는 물분자의 수에 따르며 물분자는 공기분자와 섞여 있게 된다. Dalton에 의하면 이 혼합체가 수표면에 영향을 주는 총압력을 증기압(vapor pressure)이라 하였고, 혼합체가 수증기로 포화되었을 경우 증기압은 최대이며 이 때의 압력을 포화증기압(saturation vapor pressure)이라 하였다. 또한 Dalton은 증발율이 기압과 수표면에서의 증기압 차이의 함수로서 다음과 같이 나타내었다.

$$E = K(e_w - e_a)$$

여기서 E : 일증발량
K : 상수
e_w : 물의 온도에서 포화증기압
e_a : 약 2m 상공에서 공기의 증기압

상기의 식은 증발이 증기압 e_w와 e_a의 차이에 비례함을 보여주며, 위의 식에 대한 일반적인 형태는 다음과 같다.

$$E = K'(e_w - e_a)(a + bV)$$

여기서 K', a, b : 상수
V : 풍속

그러므로 증발현상은 이 혼합체가 포화상태에 이르기까지 계속되며 증발에 영향을 미치는 지배인자는 물과 공기의 온도, 바람, 상대습도, 대기압, 수질 및 수표면의 성질과 형상 등이다.

(1) 온도

공기는 온도가 올라가면 더 많은 양의 수증기를 함유할 수 있고 증발표면의 온도가 상승하면 더 쉽게 증발된다. 즉, 물분자의 운동에너지는 수온의 상승에 따라 증가하여 증기압은 온도에 따라 상승한다. 그러므로 온도에 따른 증발량은 상기의 식 으로 표현된다.

(2) 바람

물이 증발되면서 증발표면 상공의 공기는 점차 습기가 많아지다가 포화되는데, 공기가 이동하게되면 보다 건조한 공기로 대체되므로 증발량은 증가한다. 즉, 바람은 기화한 물분자들을 이동시켜 상기의 식에서 e_a를 감소시켜 증발량을 증가시킨다.

(3) 상대습도

공기의 상대습도가 높아지면 공기가 수표면으로부터 빠져나오는 물분자를 흡수하지 못하게 되므로 증발량은 감소한다.

(4) 대기압

대기압에 의한 기상상태의 변화가 증발에 영향을 미치기는 하나 그 정도는 대체로 근소하다. 고기압 지역의 가장자리는 고기압에 관련된 공기의 이동이 계속되므로 증발량이 증가되며 저기압 지역은 증발이 감소한다. 고도의 증가에 따른 대기압의 감소는 수표면으로부터 물분자의 이탈을 도우므로 증발량을 증가시킨다.

(5) 수질

물속의 불순물로 인한 포화 증기압의 감소로 순수한 물보다 증발량을 감소시킨다. 일반적으로 물속의 불순물에 대한 백분율과 같은 정도의 증발량은 감소하며, 해수의 경우 소금 등의 불순물이 25,000ppm(2.5%)이라면 증발량은 2.5% 감소한다.

(6) 증발표면의 특성

증발표면의 성질과 형상은 비록 적은 영향을 미치기는 하나 여러 인자중의 하나이다. 증발표면의 특성은 바람과도 관계되는데 일반적으로 평탄한 증발표면에서는 오목한(凹) 증발표면보다 높은 증발량을 보이고 볼록한(凸) 증발표면 보다는 낮은 증발량을 보인다. 거칠고 불규칙하며 개방된 증발표면의 증발은 난류의 발생과 파장으로 증발이 활발해진다.

이와 같이 증발에 영향을 미치는 인자들을 고려하면 증발은 온도와 풍속이 높고 빠를수록 증가하고 습기와 소금 등의 불순물이 많을수록 감소한다.

4.2 증발량의 산정

수표면에서 증발된 물분자는 대기중에서 연속적인 운동을 하며 하루 중 주로 낮에 발생되는 증발현상에 반해 밤에는 식물의 호흡작용으로 증산이 발생한다. 실제로 증발과 증산의 차이를 정확하게 구분하기 어려우므로 증발산으로 정의하는 것이 일반적이다. 물의 순환과정에서 증발은 주로 자유수면에서 발생하는 것에 주된 관심을 가지게 되며 대규모 수표면을 가진 저수지 수면으로부터의 증발이 중요하다. 이와 같이 저수지에서의 증발량 산정방법에는 증발접시법, 물수지법, 에너지수지법, 경험공식, 증발접시법 등이 있다. 증발량 산정방법들은 증발 가능한 물이 항상 풍부하게 존재한다는 가정 아래 기상자료와 태양방사열량 등의 자료를 이용하여 잠재적 증발량(potential evaporation)을 산정하며, 실제 증발량은 존재하는 물의 양에 따라 크게 달라진다.

4.2.1 증발접시법

증발접시(evaporation pan)에 의한 특성은 증발표면의 수온측정 등이 필요하지 않으므로 다른 방법에 비하여 상대적으로 간단하며, 그 결과는 넓고 개방된 수표면으로부터의 증발에 대한 일정한 비율을 나타낸다. 그러므로 댐 후보지역이나 인근지역에 설치하여 특정한 양을 증발량으로 환산하여 사용한다. 증발접시에 의한 측정은 비록 물의 양이 한정되지는 않을지라도 접시로부터의 수분이동이 정의되지 않고 지역적인 조건을 포함하지 않으므로 잠재증발을 나타내지는 않으나, 기상인자를 사용하는 경험식이나 다른 산정방법들이 개발된 지역에서만 어느 정도의 신뢰성이 있으므로 이 방법이 최근 실무에서 많이 사용되고 있다.

(1) 증발접시의 종류

증발접시는 설치위치에 따라 돌출식 또는 지상식 증발접시(surface pan), 함몰식 증발접시(sunken pan), 부유식 증발접시(floating pan)로 나누며 크기도 여러 가지가 있다.

① 지상식 증발접시

[그림 4.1]과 같이 지상에 설치하여 측정하므로 설치가 용이하고 비용이 적게 소요될 뿐만

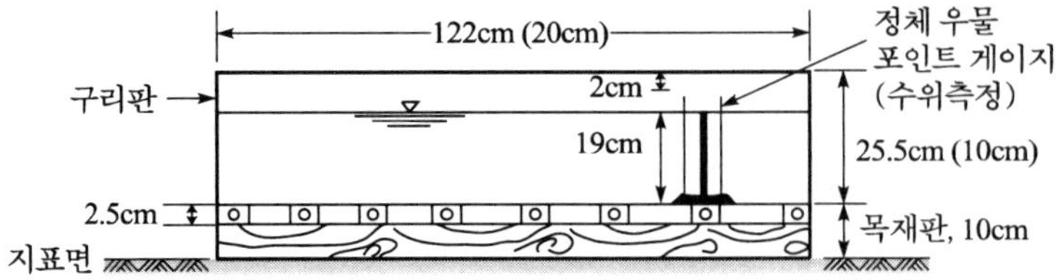

그림 4.1 우리나라의 대형(소형) 지상식 증발접시

아니라 접시아래 격자판을 사용하여 지면으로부터 어느 정도 높게 떨어지게 설치되므로 이물질의 투입을 막을 수 있다. 그러나 태양복사열에 의한 접시벽면의 열전도로 실제 증발량보다 과대하게 측정되는 것이 일반적이다. 우리나라 및 세계 주요지역에서 사용되는 지상식 증발접시 중에서 우리나라에서는 내경이 120cm, 깊이 30cm인 대형접시와 내경 20cm, 깊이 10cm의 소형접시가 사용된다. 미국에서 사용되는 표준 A급 접시(standard class A pan)는 내경 4 ft(약 122cm), 깊이 10 inch(약 25.4cm)인 아연철로 만든 원통형 용기로 바닥면이 지면으로부터 6inch(약 15.2cm) 떨어지도록 목재판위에 설치되고 수면의 높이는 맨위에서 2～3 inch(약 5～7.5cm)를 유지하도록 한다.

② 함몰식 증발접시

[그림 4.2]와 같이 증발접시 벽면의 일부 또는 전부가 지표면 아래에 설치되는 것으로 벽면을 통한 전도열을 어느 정도 감소시킬 수 있으나 지열의 영향은 막지 못한다. 또한 설치나 고장수리와 같은 유지관리가 어려우며 이 물질이 쉽게 들어갈 수 있어 운영 및 관리 측면에서도 불리하다. 미국에서 사용되고 있는 함몰식 증발접시 중 대표적인 것은 Young pan으로 내경이 2 ft(약 61.8cm), 깊이가 3 ft(약 91.5cm)이며 1/4 inch(약 6mm)간격의 스크린이 상부에 설치되어 이물질의 진입을 차단한다.

한편, 여러 나라에서 인정한 기구로 [그림 4.2]과 같은 러시아형 수조로서 내경은 Young pan과 동일하나 깊이가 얕으며, 원추형 밑면은 원통 아연도금철로 제작되었다. 지면위에 약 7.5cm정도 높이에 접시의 테두리가 설치되며 증발손실이 계산되기 전에 열 저류효과에 대한 측정이 선행되어야 한다.

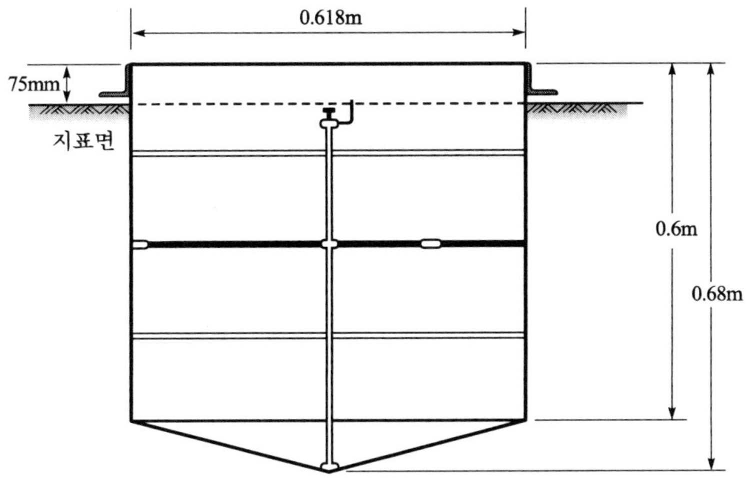

그림 4.2 함몰식 증발접시(USSR GGI-3000 tank)

③ 부유식 증발접시

저수지 수면에 특수시설을 하여 증발접시를 띄워 측정하는 것으로 벽면이 모두 물과 접하여 열전도를 막을 수 있으므로 실제에 가장 가까운 증발량을 측정할 수 있는 장점이 있다.
그러나, 파도 등의 영향으로 관측에 어려움이 있고 시설 및 유지관리비가 많이 들어 실무에서 많이 사용되고 있지 않다.

(2) 증발량의 측정방법

[그림 4.1]이나 [그림 4.2]와 같은 증발접시에 물을 채우고 접시의 벽면에 부착된 포인트게이지(point gauge) 또는 후크게이지(hook gauge)로 수면고를 읽고 24시간 후에 다시 수면고를 읽어 수면고차이를 mm단위로 나타내어 일증발량을 얻는다. 그리고 수면고를 원래의 위치로 유지하기 위해 접시 내에 매일 증발한 양의 물을 보충한다. 비가 오는 날의 경우는 접시 근처에 우량계를 설치 운영하며 포인트게이지 또는 후크게이지로 측정한 수면고차이에 일우량을 빼고 산정한다.
[표 4.1]은 대형 증발접시로 측정된 우리나라의 월평균 및 연평균 증발량을 정리하였다. [표 4.1]로부터 우리나라의 경우 월평균 증발량은 4~8월에 상대적으로 많고 내륙보다는 해안에 가까운 지역에서 연평균 증발량이 큰 것으로 나타난다.

표 4.1 우리나라 주요지점별 평균증발량(mm)

관측소 \ 월	1	2	3	4	5	6	7	8	9	10	11	12
서울	38.4	46.0	78.1	114.1	154.2	140.8	114.7	129.4	109.3	90.0	57.2	40.0
강릉	80.6	75.8	106.3	153.3	185.4	148.4	129.6	131.4	105.1	99.3	83.7	83.7
대관령	46.2	51.5	74.1	116.6	158.7	125.1	116.0	103.0	83.7	77.1	54.1	46.3
대전	34.1	42.1	81.0	117.4	150.2	140.5	130.7	133.0	103.8	82.1	48.0	35.8
군산	41.6	49.7	81.8	110.5	134.8	136.1	135.9	150.6	115.6	99.9	60.7	42.7
대구	60.7	66.3	103.8	132.6	171.6	167.4	156.6	167.6	115.3	95.8	66.2	57.9
부산	78.4	78.3	101.9	111.2	130.9	121.3	124.3	149.1	115.5	113.4	89.3	82.8
광주	46.5	55.7	92.5	120.4	151.7	156.8	154.9	163.6	118.9	99.8	62.2	46.7
제주	60.9	64.2	96.9	115.7	136.8	145.6	173.8	184.9	131.5	119.9	82.0	66.6

(3) 증발접시 계수

증발접시로 측정된 증발량은 접시벽면의 열전도 등 기타 여러 가지 영향으로 자연상태의 증발량보다 많아지는 경향을 보이므로 증발접시 증발량에 대한 저수지면에서의 실제증발량의 비율인 접시계수(pan coefficient)를 사용하여 보정한다.

$$증발접시계수 = \frac{저수지수면으로부터 증발량}{증발접시 증발량}$$

접시계수는 장기간 동안의 증발접시 측정값을 저수지 증발량과 비교하여 얻어지며, 기후조건 등에 따라 변화되는데 세계기상기구(WMO, 1996)에서는 대체로 0.67~0.81값을 제안하였다. 지상식 증발접시의 계수(약 0.7)는 대체로 함몰식(약0.8)보다 작으며 미국의 A등급접시계수는 0.65~0.81사이의 값으로 0.7을 사용하면 오차범위가 15%이내이다. 우리나라의 경우는 대형증발접시가 미국의 A등급 접시와 거의 같으므로 계수를 구하기 곤란할 경우 0.7을 사용할 수 있다. 증발접시를 이용한 증발량을 산정하는 과정은 예제 4.1에서 다루었다.

예제 4.1

다음의 표는 월 증발접시 자료이다.

월	1	2	3	4	5	6	7	8	9	10	11	12
증발량(mm)	165	140	180	255	292	225	232	211	205	186	132	125

1월중 저수지 물의 확산면적(water spread area)은 3.0 km^2이고, 12월은 2.8 km^2으로 측정되었을 때, 연간 증발량을 산정하시오. 단, 증발접시계수는 0.7로 한다.

풀이

저수지의 형상을 원뿔모양으로 가정한 저수지의 평균확산면적은 원뿔공식을 사용하면 다음과 같다.

① $A = \frac{1}{3}(A_1 + A_2 + \sqrt{A_1 \times A_2})$

$= \frac{1}{3}(3.0 + 2.8 + \sqrt{3 \times 2.8})$

$= 2{,}899\text{km}^2$

② 증발접시로 측정된 연간 증발량

$\therefore 165 + 140 + 180 + 255 + 292 + 225 + 232 + 211 + 205 + 186 + 132 + 125 = 2{,}348\text{mm}$

③ 저수지물의 연간 증발량

$2{,}899 \times 106 \times 2{,}348 \times 0.7 = 4{,}765 \times 109\text{m}^3$

4.2.2 물수지법

질량보존의 법칙을 사용한 방법으로 일정기간동안 저수지로의 물 유입량과 유출량을 고려한 물수지(water budget)를 검토하여 증발량을 산정한다. 그러므로 다음과 같은 기본식이 적용된다.

증발량(E) = 유입량(I) − 유출량(O) − 저류량의 변화(ΔS)

상기의 식을 좀더 상세하게 표현하면 다음과 같다.

증발량(E) = 강수량(P) + 지표유입량(I) + 저류량의 변화(ΔS) − 지표유출량(O) − 지하수유출량(Og)

상기의 식에 의한 물수지방법은 이론적으로는 단순하지만 각 항의 측정에서 발생되는 오차 때문에 정확한 증발량을 산정하기 어렵다. 자연적인 유역에서는 강수량과 하천유량의 측정은 어느 정도의 정밀도를 가지는 반면 지하수 이동은 쉽게 관측할 수 없다. 특히 침투량은 지하수위의 변동이나 지반의 투수성 등을 고려한 간접적인 방법으로 산정해야 하므로 결정하는데 어려움이 있다. 저수지의 저류량변화는 수면표고별 저류량 곡선(elevation – storage curve)으로 임의 시각에 있어서 저류량을 결정하여 구한다.
이와 같이 상기의 식 각 항은 상대적으로 장시간에 걸쳐 측정하는 것이 바람직하므로 시간, 일 등 짧은 기간보다는 월 또는 연증발량의 산정에 적합한 방법이다.

4.2.3 에너지 수지법

에너지 수지(energy budget)방법은 에너지 보존원리에 근거하여 증발량을 가능한 에너지로부터 계산하며 가장 세밀한 방법이다. 즉, 저수지 수면부근에 저장되어 있는 에너지와 유입, 유출되는 에너지를 고려하므로 측정되는 자료의 신뢰성과 정확성에 의해 증발량산정의 정도가 결정된다. 최적조건하에서 여름에는 약 10%, 겨울에는 20%의 평균오차가 발생한다.
저수지에 대한 에너지 수지방정식은 다음과 같다.

$$H_o = (R_s - R_r) + (R_a - R_b) + R_v - R_c - R_d - R_e - R_f$$

여기서 H_o : 증발량에 저장된 에너지 증감량
R_s : 증발면에 도달하는 태양복사에너지
R_r : 반사되는 복사에너지
R_a : 증발면으로 입사하는 장파의 복사에너지
R_b : 반사되는 장파의 복사에너지
R_v : 저수지로 유입, 유출되는 물로 인한 에너지의 변화량
R_c : 증발면의 물이 방사하는 장파의 복사에너지
R_d : 증발에 사용된 에너지
R_e : 물로부터 대기로 전도된 에너지
R_f : 증발된 물로 인해 빼앗긴 에너지

상기의 식에서 R_c와 R_f는 일반적으로 크기가 미소하여 생략하며, 각 항의 단위는 $\text{cal/cm}^2 - \text{day}$이다. [그림 4.3]은 상기의 식을 설명한 모식도이다.

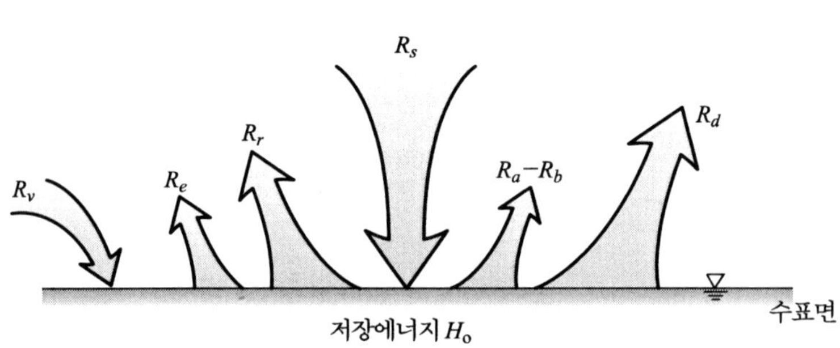

그림 4.3 에너지 수지

상기의 식에서 미소항을 제외한 각 항은 이론식 또는 측정에 의해 결정되므로 증발에 사용된 에너지 R_d의 산정이 가능하며, 증발량 E(mm)는 물의 잠재증기화열 H_v로 나누어 얻을 수 있다.

$$E = \frac{R_d}{H_v}$$

$$H_v = 597.3 - 0.564t$$

여기서 H_v : cal / g 단위
t : 수면온도로 ℃

상기의 식으로부터 R_d를 결정하여 증발량을 구하기 위하여 각 항을 실측 또는 경험식으로 결정하는 과정이 다음에 설명되었다.

(1) 태양 복사에너지

태양으로부터 방사되는 열량으로 지표면이 실제로 받는 태양복사에너지는 직접측정법과 여러 인자들을 이용하여 비용이 적게들고 측정이 용이한 간접법이 있다. 지구상의 한 지점에 실제로 받는 태양복사에너지 R_s는 Penman에 의해 다음과 같이 표현되었다.

$$R_s = R_I\left(a + B\frac{n}{D}\right)$$

여기서 R_I : 대기권내에 도달하는 태양방사열량
D : 총 일조시간
n : 실제일조시간
a, b : 지역에 따른 상수

[표 4.2]는 지역에 따른 상수 a, b의 실측사례를 정리하였으며 [표 4.3]은 대기권내에 도달하는 태양방사열량(cal/cm^2/day)의 추정값을 정리하였다.

표 4.2 상수a, b 의 실측예

위치	a	b	참 고
영국남부	0.18	0.55	Penman(1948)
미국, Virginia	0.22	0.54	Kimball(1914)
호주, Canberra	0.25	0.54	Prescoot(1940)
캐나다, Southern Sask	0.25 May, Aug.	0.60	McKay, after
뉴질랜드	0.25	0.54	Delisle(1966)

[표 4.2]로부터 비가 오거나 구름이 하루종일 덮인날 (n/D=0)에도 18%~25%의 태양방사열이 도달할 수 있음을 알 수 있으며, 하루종일 청명한 날(n/D=1)에는 73~85%정도가 도달함을 알 수 있다.

표 4.3 대기권 내에 도달하는 태양방사열량, R_I(cal/cm2/day)

위도 \ 월	1	2	3	4	5	6	7	8	9	10	11	12	총계
북위 90°	0	0	55	518	903	1077	944	605	136	0	0	0	3540
80°	0	3	143	518	875	1060	930	600	219	17	0	0	3660
60°	86	234	424	687	930	983	892	714	494	28	113	55	4850
40°	358	538	663	847	912	1001	941	843	719	528	397	318	6750
20°	631	795	821	914	803	947	912	887	856	740	666	599	8070
적도	844	963	878	876	608	803	792	820	891	866	873	829	8540
남위 20°	970	1020	832	737	358	580	588	680	820	892	986	978	8070
40°	998	963	686	514	95	308	333	453	648	817	994	1033	6750
60°	947	802	459	240	0	50	77	187	403	648	920	1013	4850
80°	981	649	181	9	0	0	0	0	113	450	917	1094	3660
90°	995	656	92	0	0	0	0	0	30	447	932	1110	3540

(2) 반사되는 태양 복사 에너지

지표면에 도달하는 태양복사에너지 Rs의 일부는 표면의 반사효과로 대기로 되돌아간다. 그 되돌아가는 정도는 지표면을 구성하는 물질에 따라 달라지며, 이에 따라 반사계수 (reflection coefficient) r을 사용한다. 반사되는 복사에너지 Rr은 다음과 같다.

표 4.4 반사계수 r 값

물체	물	숲이나 초지	모래	흙	얼음	눈
r	0.05~0.15	0.05~0.20	0.10~0.20	0.15~0.30	0.40~0.50	0.60~0.90

$$R_r = r \times R_s$$

식 4.10으로부터 실제 지표면에 머무르는 열량은 $R_r = r \times R_s$ 이며 [표 4.4]에는 물체의 성질에 따른 반사계수 r을 정리하였다.

(3) 장파 복사에너지의 교환량

장파에 의한 복사에너지 교환은 대기권으로부터 지표면에 도달하는 장파에너지와 지표면에서 반사되는 장파 에너지의 교환을 말하며, 대기중의 수분량, 반사물체의 종류, 일조시간 등에 영향을 받고 다음과 같은 식으로 표현된다.

$$R_a - R_b = \sigma T_a(\epsilon - 1)(0.1 + 0.9\frac{n}{D})$$

여기서 σ : Stefan-Boltgmann상수(1.17 ×10—7 cal/ cm^2/。K/day)

Ta : 대기의 절대온도(t℃ + 273)

ϵ : 발산율(emissivity)

상기의 식에서 발산율은 임의의 온도에서 실제 증기압 e_a를 사용하여 다음과 같이 표현된다.

$$\epsilon = a + b\sqrt{e_a}$$

여기서 a, b는 지역에 따른 상수로 〈표 4.5〉에 각 지역의 값을 정리하였다.

표 4.5 발산율 식의 상수값

측정지역	a	b
영국	0.53	0.065
스웨덴	0.43	0.082
오스트리아	0.47	0.063
미국(Washington, D.C)	0.44	0.061

e_a는 증발표면 위 2 m위치에서의 실제증기압(mmHg)이며, [표 4.5]로부터 하루종일 청명한 날의 ε ≒ 0.757이다. 이와 같이 순복사에너지 R_n은 다음과 같이 표현된다.

$$R_n = R_s(1-r) - (R_a - R_b)$$

(4) 전도 에너지

증발표면의 온도와 수면에 접하는 대기의 온도와의 차이로 발생하는 에너지의 교환을 측정하기가 매우 어려우므로 Bowen은 증발에 소요되는 에너지 R_d와 물과 대기 사이의 전도에 의한 에너지 R_e의 비율을 사용한 Bowen비(Bowen ratio)를 다음과 같이 표현하였다.

$$B = \frac{R_e}{R_d} = C\left[\frac{t_o - t_a}{e_o - e_a}\right]\frac{P}{1000}$$

여기서 B : Bowen의 비
C : 대기류의 안정성에 따른 상수(0.58~0.66)
e_o : 수면온도 t_o℃ 에서 포화 증기압
e_a : 대기온도 t_a℃ 에서의 실제증기압
P : 대기압

(5) 유입, 유출로 인한 순에너지의 변화량

저수지로 유입되거나 유출되는 물의 온도는 항상 변화하므로 저수지에 저장된 물의 온도에도 변화를 준다. 이 물의 온도차가 순에너지 변화량으로 저수지에 저장되어 있는 총에너지에 변화를 준다.

(6) 증발면에 저장된 에너지 증감량

어느 기간 동안 저수지 수온의 변화에 따라 에너지의 증감이 발생될 수 있는데 저수지내의 온도는 유입부로부터 유출부로 이어지는 횡방향과 밀도차이로 발생되며 연직방향으로도 변화한다. 이러한 에너지의 증감량을 측정하기는 거의 불가능하므로 다음과 같은 식을 사용하여 측정한다.

$$H_o = \rho_1 C V_1 (t_1 - t_c) - \rho_2 C V (t_2 - t_b)$$

여기서 ρ_1, ρ_2 : 증발기간의 시점과 종점에서 물의 밀도
C : 물의 비열
V_1, V_2 : 증발기간의 시점과 종점에서 저수지 물의 체적
t_1, t_2 : 수온
t_b : 기준온도(0℃)

이와 같은 (1)~(6)의 방법으로 식 4.6의 R_d를 제외한 각 항들을 산정하여 증발에 사용되는 에너지R_d를 계산하여 식 4.7에 대입한 후 mm단위로 나타낸다.

4.2.4 Penman 법

Penman(1948)은 기초적인 물리법칙에 근거하여 에너지수지 분석에 의한 태양방사에너지 중 증발표면에 최종적으로 남는 순에너지와 증발표면으로 부터의 수증기의 이동상황 분석을 혼합 적용하였다. 즉, 에너지수지원리에 공기의 동역학 원리가 결합되어 있다.

(1) 태양방사에너지

Penman은 태양방사에너지 중 증발표면에 남는 순에너지 R_n은 식 4.6의 태양복사에너지(R_s)에서 반사복사에너지(R_r)와 장파의 복사에너지 교환량 $(R_a - R_b)$을 뺀 것으로서 다음과 같이 표현하였다.

$$R_n = R_s - R_r - (R_a - R_b) = R_d + R_e + H_o - R_v$$

비교적 단기간의 에너지 축적량인 H_o와 R_v는 증발에 소요되는 에너지 R_d와 전도에너지 R_e에 비하여 매우 작아 무시할 수 있으므로 다음과 같이 정리된다.

$$R_n = R_d + R_e$$

Penman은 R_n을 다음과 같이 표현하였다.

$$R_n = R_s - R_r - (R_a - R_b)$$
$$= R_i (1 - 0.06)(0.18 + 0.55\frac{n}{D})$$

$$-(117.74\times 10^{-8})R^{4}_{(0.47-0.077\sqrt{\rho_a})(0.20+0.80\frac{n}{D})a}$$

상기의 식 각 항은 앞 절에서 정의하였다. 각 항을 59 cal/cm^{2}으로 나누면 mm/day단위를 가지며 다음과 같이 표현한다.

$$H = E_o + K$$

여기서 H : 증발표면에 남는 순에너지량 또는 소요열량
E_o : 증발에너지량
K : 전도에너지량 또는 공기를 데우는데 필요한 열량

(1) 증발표면에서 수증기의 이동

수증기가 물 표면으로부터 나오는 현상과 열이 물 표면에서 외부로 전도되는 현상은 공기의 난류확산작용(turbulence diffusion process)으로 생각한 Penman은 물의 표면으로부터 증발에 필요한 증발에너지량 E_o에 대한 전도에너지량 K의 비를 Bowen의 비와 유사하게 표현하였다.

$$\frac{K}{E_o} = B = \gamma\,\frac{t_o - t_a}{e_o - t_a}$$

여기서 γ : 습도계의 계수(psychrometer constant)
만약 t 를 ℃로, e를 milibar로 사용할 경우 0.66 e를 mmHg로 사용할 경우 0.485

이 식들을 정리하면 다음과 같다.

$$H = E_o + K = E + BE = E\,(1 + B)$$

그러므로 증발량은 다음과 같다.

$$E = \frac{H}{1+B} = \frac{H}{1+\gamma\,(\dfrac{t_o - t_a}{e_o - e_a})}$$

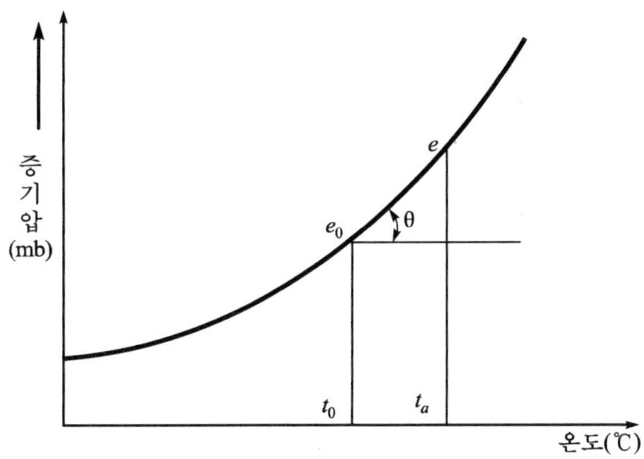

그림 4.4 포화증기압 곡선

[그림 4.4]의 포화증기압 곡선을 참고로 대기의 온도 t_a℃ 에서 곡선의 접선 경사는 다음과 같다.

$$\tan\theta = \frac{e_s - e_o}{t_a - t_o} = \frac{e_o - e_s}{t_o - t_a}$$

그러므로 온도의 차이는 다음과 같다.

$$t_o - t_a = \frac{e_o - e_s}{\tan\theta}$$

여기서 e_o : 수면온도 t_o℃ 에서의 포화증기압 (milibar)
e_s : 대기온도 t_a℃ 에서 포화증기압(milibar)

상기의 식 대입하여 정리하면 다음과 같다.

$$E = \frac{H}{1 = \gamma\left(\frac{t_o - t_a}{e_o - e_a}\right)} = \frac{H}{1 + \frac{\gamma(e_o - e_s)}{\tan\theta(e_o - e_a)}}$$

상기의 식에서 분모는 다음과 같이 정리 될 수 있다.

$$\frac{e_o - e_s}{e_o - e_a} = \frac{(e_o - e_a) - (e_s - e_a)}{e_o - e_a} = 1 - \frac{e_s - e_a}{e_o - e_a}$$

한편 네덜란드에서 공기동역학적 방법으로 만든 저수지 증발량의 경험공식은 다음과 같다.

$$E = 0.345\,(e_o - e_a)(1 + 0.25\,W_6)$$

여기서 W_6는 수표면상 6m 위치에서의 풍속 (m/sec)

일반적으로 수표면에서 수온은 대기의 온도와 큰 차이를 보이나 수온의 측정이 기온의 측정보다 어려우므로 식 4.27에서 e_o대신 대기의 온도에서 포화 증기압 e_s를 사용한 다음과 같은 식이 사용된다.

$$E_a = 0.35\,(e_s - e_a)(0.5 + 0.54\,W_2)$$

여기서 W_2는 수표면상 2m 위치에서의 풍속 (m/sec)

이와 같은 식에서 다음과 같은 비례관계가 성립한다.

$$\frac{E_a}{E} = \frac{e_s - e_a}{e_o - e_a}$$

상기의 식을 대입한 후 정리하면 다음과 같다.

$$E = \frac{H\tan\theta + \gamma E_a}{\tan\theta + \gamma}$$

여기서 tan Θ의 대표적인 값은 [표 4.6]에 정리되었으며 H는 식 4.18로 계산한 순에너지 ($cal/cm^2/day$)를 $59cal/cm^2/mm$로 나누어 사용하고, $\gamma = 0.485$이며, E_a는 식 4.28을 사용한다.

표 4.6 전형적인 tan θ 값

온도 (℃)	0	10	20	30
tanθ (mmHg/℃)	0.36	0.61	1.07	1.80

예제 4.2

북위 60° 에 위치한 저수지로부터 7월중의 하루에 증발량을 산정하고자 한다. 측정하고자 하는 날의 평균기온은 22℃이었으며 상대습도는 50%, 구름의 정도($\frac{n}{D}$)는 0.4이고 저수지 수면으로부터 2m지점에서의 풍속은 3m/sec이며 저수지 면적은 30km^{2}이었다. 일 증발량을 산정하시오.

풀이

[표 4.2]으로부터 북위 60°의 7월의 대한 R_I= 892cal/cm^2/day이다.

$$\text{절대온도 } T_a = 22 + 273 = 295_{\circ} K$$

$$\frac{n}{D} = 0.4$$

2장에서 사용된 표로부터 기온 22℃에서 포화증기압은 $e_s = 19.82\text{mmHg}$이다.

$$\text{실제증기압 } e_a = 0.5 \times 19.82 = 9.91 \text{ mmHg}$$

$$E_a = 0.35(19.82 - 9.91)(0.5 + 0.54 \times 3) = 7.35 \text{ mm/day}$$

단위 환산(59 cal/cm^2)을 고려하면

$$H = 892(1 - 0.06)(0.18 + 0.55 \times 0.4) - (117.74 \times 10^{-9})$$
$$(295)^4(0.47 - 0.077\sqrt{9.91})(0.2 + 0.8 \times 0.4)$$
$$= 335.392 - 105.534 = 229.86 \text{ cal/cm}^2\text{/day}$$

단위 환산을 고려하면 229.86 ÷ 59 ≒ 3.90 mm/day이다.

증기압 e를 mmHg로 사용할 경우 $\gamma = 0.485$이며 22℃에서 tanθ를 구하면 [표 4.6]으로부터

tan θ=1.07+(1.80−1.07)×0.2=1.216

이 값을 대입하면 다음과 같다.

$$E = \frac{1.216 \times 3.9 + 7.35}{1.216 + 0.485} = 4.88\,mm/day$$

즉, 이 저수지에서의 일증발율은 4.88mm/day이다. 저수지의 면적 30 km^{2}을 고려하면 일증발량이 계산된다.

∴ 일증발량=30,000,000 m^2×0.00488m/day=146,400 m^3/day

4.3 저수지 증발이 하천 유량에 미치는 영향 및 증발량의 억제

하천의 수계내에서 임의 지점에 인공적인 저수지를 만들었을 경우 저수지로부터의 증발은 저수지 하류의 유량에 영향을 주게 된다. 일정한 기간동안저수지로부터 순 증발량이 강수량보다 적을 경우에는 하류의 하천유량은 증가될 것이다. 인공 저수지를 만들기 이전에 그 지

역의 유출계수(runoff coefficient)를 구하여 비교적 클 경우에 증가된 하천유량은 감소할 수 있다. 유출계수는 일정한 유역의 지형 및 지질 등에 따라 정해지는데 다음과 같은 식으로 표현할 수 있다.

$$Q = C \times P$$

여기서 Q : 하천유량
C : 유출계수
P : 강수량

증발은 우리에게 손실로 간주되고 있으며 증발 손실량은 어느 지역에서나 매우 중요하다. 증발손실량을 감소시키기 위한 방법은 다음과 같다.

① 피복된 저수지의 저류량
② 지하수 사용량 증가
③ 수초의 성장 조절
④ 화학약품의 사용

이러한 방법에는 비실용적이고 비경제적인 측면이 있으나 적절한 환경아래에서는 모든 방법이 잠재적인 가능성을 가지고 있다.

4.4 증산

식물의 뿌리가 흡수하는 물의 양은 일정하지 않으며, 뿌리를 통하여 빨아올린 대부분의 물이 식물의 줄기를 거쳐 잎을 통해 대기 중으로 들어가는 과정을 증산(transpiration)이라 한다. 즉, 물이 식물의 잎에 있는 공기층을 통해 증발되는 과정을 말한다.

4.4.1 증산의 지배인자

증산은 물분자가 대기중으로 이탈하는 표면이 단지 식물의 잎이라는 점을 제외하고는 증발의 경우와 같은 현상이라고 할 수 있다. 증산에 영향을 주는 인자는 크게 식물생리학적인자

(plant physiological factors)와 환경학적인자 (environmental factors)로 대별할 수 있다.

(1) 생리학적 인자

① 다공의 밀도와 특성
② 식물잎의 구조
③ 식물병리학적 요소

이와 같은 식물의 생리학적 인자는 광범위한 지역의 식물 또는 농작물 전체를 고려하면 식물의 종류나 생리학적인자가 증산에 주는 영향은 그리 크지 않을 것이다.

(2) 환경학적 인자

① 온도

식물의 잎이 태양에 노출시 잎의 온도는 주위 공기의 온도보다 크므로 다공 내부의 증기압은 주위 공기의 증기압보다 커지게 되어 잎을 통한 증발이 발생한다. 온도가 높아질수록 증기압의 차이는 더욱 커지므로 증산은 온도에 비례하여 증가한다.

② 태양복사열

식물의 잎이 받는 에너지의 원천은 태양의 복사열이며 잎이 복사열을 흡수하여 온도가 상승하게 되므로 다공내의 증기압도 상승한다. 즉, 태양복사열을 흡수하는 정도의 증가는 증산의 증가로 이어진다.

③ 바람

바람은 잎 주위의 수분을 이동시켜 증산을 촉진시키는데, 바람이 잎 주위 습한 공기를 건조한 공기로 대체시키므로 주위 공기와 다공내 증기압차이가 커져 증산이 증가한다.

④ 토양의 함유수분(soil moisture)

토양에 식물이 말라죽을 정도의 토양함수량(wilting point)과 강수후에 과잉유출수(excess gravitational water)가 침투한 후 토양수분량(field capacity)은 식물에 해로운 영향을 주며 증산에도 영향을 줄 것으로 고려되는 반면 현재 이 두 가지 경우사이의 토양 함수량을 가지는 경우는 증산에 크게 영향을 주지 않는 것으로 고려된다.

4.4.2 증산량의 측정

자연 조건하에 넓은 지역의 증산량을 측정하기는 불가능한 일이므로 증산량은 주로 실험실에서 표본을 사용한 측정이 이루어지고 있다. 증산량의 측정은 대체로 식물학자들에 의해 고안되어졌으며, 그 중 가장 많이 쓰이는 방법이 증산계(phytometer)에 의한 것이다. 증산계는 식물성장에 필요한 토양과 물로 채워진 탱크에 식물을 심고, 물은 식물이 완전히 성장할 때까지 인위적으로 공급된다. 증산작용으로 방출된 수분의 양은 식물이 심어진 탱크의 무게변화를 일정한 시간 간격으로 측정하여 구한다. 수분이 식물의 잎만을 통하여 방출되도록 탱크 속의 토양은 비닐 등 불투수성 물질로 덮어씌운다. 증산계를 처음 설치 할 때 무게가 W_1, 실험을 마칠 때 무게를 W_2라고 하고, 성장시기에 공급된 물 W가 측정되면 증산에 의해 소비된 물 W_t가 다음과 같이 표현된다.

$$W_t = (W_1 + W) - W_2$$

이러한 실험값에는 가능한 현장의 결과로 얻게 되는 계수가 고려되어야만 한다. 또한 증산율(transpiration ratio)은 뿌리를 통하여 흡수된 물의 무게와 뿌리를 제외하고 생산된 건조물질(dry matter)무게의 비로 다음과 같이 표현된다.

$$\text{증산율} = \frac{\text{증발시킨 물의 무게}}{\text{생산된 건조 물질의 무게}}$$

4.5 증발산

특정 유역에서 가용수자원을 조사할 경우에는 물의 손실로서 증발과 증산을 합한 증발산(evapotranspiration)을 고려한다. 증발산량을 산정하는 방법에는 증발산계(evapotranspirometer)를 이용한 방법, 물수지방법, 에너지수지 방법, 기상자료에 의한 잠재 증발산량 산정법 등이 있다.

4.5.1 증발산계에 의한 방법

증발산량을 측정하는 증발산계 (lysimeter)는 증산량 측정에 사용되는 용기보다 좀 더 깊고 토양에서의 증발도 허용한다. 용기내의 식물의 성장하기 위하여 일정량의 수분이 유지되어야 하며 이 수분 공급량을 측정하여 증발산량을 구한다. [그림 4.5]의 증발산계는 일정한 시간 간격으로 용기의 무게를 측정하여 물 수지 계산으로 증발산량을 추정하며, 용기의 크기는 여러 가지가 있으나 대략 1m×1m×1.5m정도의 크기를 가진다.

4.5.2 물수지법

어느 유역내의 저류량, 유입량, 유출량을 측정하면 이론적인 물수지 계산으로 일정기간동안의 유역 평균증발 손실량 E_L을 측정할 수 있다.

$$E_L = P - Q - G \pm \triangle S$$

여기서 P : 강수량
Q : 하천유량
G : 지하수 유출량
$\triangle S$: 저류량의 변화

유역내에서 강수량이나 하천유량의 측정은 어느 정도 정확하게 구할 수 있으나 지하수의 이동은 측정하기 곤란하다. 상기의 식 적용에는 특정 유역이 수밀성을 가지고 있으며, 유역을 넘어 횡단하는 지하수 이동은 발생하지 않는다고 가정한다. 저류량 변화에 대한 평가는 산정기간에 따라 다르므로 산정기간의 결정이 매우 중요한 요소라 할 수 있다. 예를 들어 어느 유역의 평균적인 연간 증발산량을 구하고자 하면 장기간 동안의 연평균강수량에서 연평균유출량을 뺌으로써 구할 수 있는데, 장기간에 걸친 저류량의 변화는 크지 않기 때문이다. 일반적으로 지표저류량의 변화, 지하수 이동, 토양함수량의 변화 등으로 유역의 저류량은 변화하므로 정확한 증발산량을 산정하기는 매우 힘들다.

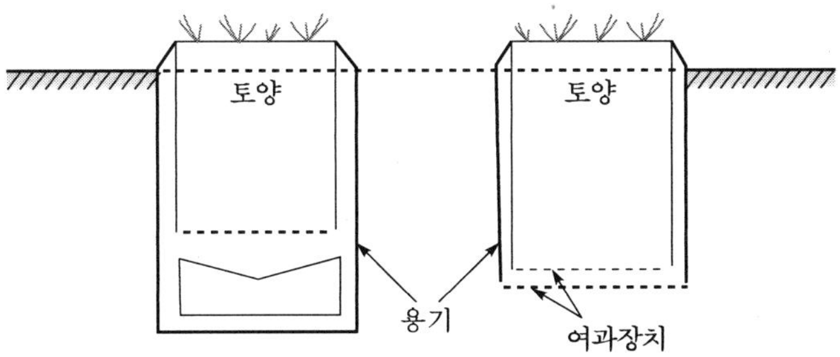

그림 4.5 증발산계

4.5.3 에너지 수지법

에너지 수지법으로 증발산량의 산정은 저수지 증발량 산정을 위한 에너지 수지법과 유사하다. 단지, 저수지의 경우 저수지내의 물에 저장되는 에너지를 계산하나 증발산량의 경우에는 토양에 저장되는 에너지를 계산한다.

$$E_T = \frac{R_n - G - M}{H_V (1 + B)}$$

여기서 E_T : 증발산량
R_n : 태양방사에너지중 증발 표면에 최종으로 남는 순에너지
G : 토양면으로부터 열발산량
M : 토양과 대기간의 경계층에 남는 에너지
H_V : 물의 잠재증기화열
B : Bowen의 비

4.5.4 기상자료에 의한 잠재증발산량 산정법

증발산에 영향을 주는 기상인자와 증발산량간의 관계를 분석하여 경험식으로 산정하는 방법이다. 어느 유역의 월별 잠재증발산량을 산정하는데 사용되는 방법으로 Thornthwaite의 월별열지수법(monthly heat index method)이 있다. Thornthwaite는 잠재 증발산량을 식물에 충분한 수분공급이 항상 유지될 경우에 발생하고 손실수량으로 정의하였으며 북위 29°~43°사이의 미국전역에 걸친 증발산량 측정에 의한 자료 수집으로 기온과 일조시간으로 잠재증발산량을 산정하는 관계를 제안하였다.

월 평균기온을 t_n℃ (n=1.2.⋯.12)라 하고 월별연지수를 j라 하면 t_n과 j의 경험적 관계는 다음과 같다.

$$j = \left(\frac{t_n}{5}\right)^{1.514} = 0.0875 t_n^{1.514}$$

상기의 식으로부터 연간열지수(yearly heat index) J는 다음과 같다.

$$J = \sum_{n=1}^{12} j_n$$

월평균기온이 t℃ 인 임의 월의 잠재증발산량 E_P는 다음과 같이 표현된다.

$$E_P = 1.6\left(\frac{10t}{J}\right)^a \text{ cm/month}$$

여기서 $a = (675\times10^{-9})J^3 - (771\times10^{-7})J^2 + (179\times10^{-4})J + 0.49239$

상기의 식에서 E_p 는 1개월을 평균 30일로, 월평균 일조시간을 12시간으로 가정하였을 때이므로 평균기온 t℃ 인 특정 월에 대한 E_{PM}은 다음과 같이 표현된다.

$$E_{PM} = E_P \frac{DT}{30\times12}\ (\text{cm/month})$$

여기서 D : 특정월의 일수
T : 특정월의 일조시간

Thornthwaite의 산정방법은 상기의 식들을 거친 복잡한 계산과정을 겪으므로 [그림 4.6]과 같이 노모그람(nomogram)을 만들어 제안하였다.

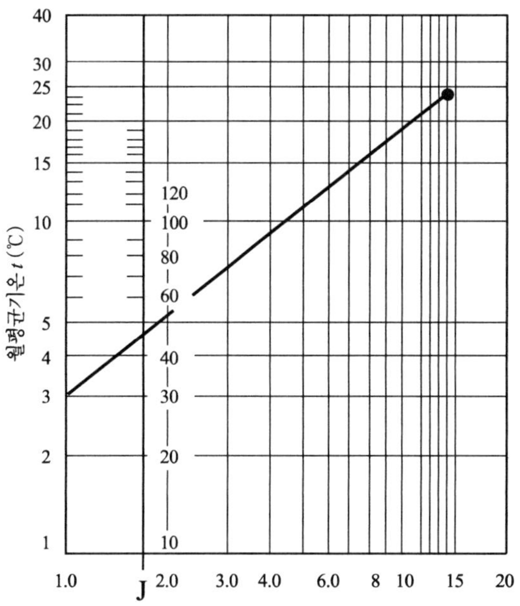

r℃	E_p(cm)
26.5	13.50
27.0	13.95
27.5	14.37
28.0	14.78
28.5	15.17
29.0	15.54
29.5	15.84
30.0	16.21
30.5	16.52
31.0	16.18
31.5	17.07
32.0	17.31
32.5	17.53
33.0	17.72
33.5	17.90
34.0	18.05
34.5	18.18
35.0	18.29
35.5	18.37
36.0	18.43
36.5	18.47
37.0	18.49
37.5	18.50
38.0	18.50

그림 4.6 Thornthwaite의 노모그람

Thornthwaite방법은 증발산량이 기온에 직접비례함에 근거하였으며 다른 요인들을 고려하지는 않았으나 Penman의 산정방법을 보완해주는 방법으로 널리 사용된다.

[표 4.7]에는 Thornthwaite법에 의한 우리나라 주요 지방의 월 및 연간 평균증발산량을 정리하였다.

한편 미국 농업연구소(Agricultural Research Service : ARS)에서 개발한 잠재증발산량 경험식은 식물의 특성과 토양의 수분을 고려하였으며 다음과 같이 표현하였다.

$$E_P = GI \times K \times E_{pan} \times \left(\frac{S - SA}{AWC} \right)^x$$

여기서 E_P : 잠재증발산량
GI : 농작물의 성장지수
K : 접시증발량에 의한 GI 의 비율(1.0~2.0)
E_{pan} : 접시의 증발량
S : 전체 공극율
SA : 사용가능한 공극율
AWC : 증발산에 의해서만 배수할 수 있는 공극률
x : $\frac{AWC}{G}$
G : 중력에 의해 자유롭게 배수되는 수분

4.6 차단

강수의 일부분은 지표면에 도달하기 전에 유역을 덮고 있는 식물 등에 의해 지면도달에 방해받으며 이러한 물의 양을 차단이라 한다. 즉 증발을 통해 대기로 되돌아갈 때까지 지상의 물체 위에 정착되거나 물체를 적시고 있는 총강수량의 일부분으로 정의된다.

표 4.7 Thornthwaite에 의한 평균증발산량(mm)

지방 \ 월	1	2	3	4	5	6	7	8	9	10	11	12	연총계
강릉	–	0.3	13.1	47.3	88.6	111.6	141.3	138.1	93.6	55.1	25.2	4.2	719
서울	–	–	9.7	41.7	85.0	119.2	150.5	149.4	96.6	51.2	16.0	–	719
인천	–	–	8.9	38.5	78.1	109.5	143.8	145.1	98.9	56.3	20.1	–	699
추풍령	–	–	12.6	45.1	88.3	118.3	151.3	143.8	90.6	50.4	18.3	0.2	719
전주	–	0.2	12.9	44.0	84.7	119.6	157.5	148.5	95.8	51.4	20.2	2.3	737
광주	–	1.2	15.1	43.6	84.7	118.6	156.2	150.8	97.9	51.9	21.3	3.7	745
목포	1.0	2.7	14.9	42.5	80.0	111.3	148.8	150.8	102.0	62.1	28.4	7.7	752
여수	1.7	4.7	18.5	46.9	83.5	107.7	145.1	148.5	103.0	65.0	31.0	8.2	764
포항	0.5	3.3	16.0	48.4	84.7	109.8	140.1	141.5	96.8	59.2	28.4	6.0	735
대구	–	0.5	15.1	47.9	895	122.0	155.0	150.8	95.0	53.4	20.0	1.7	752
울산	0.3	3.2	17.0	45.7	82.3	109.8	145.3	143.8	95.8	57.2	25.2	5.7	732
부산	2.2	5.7	20.6	48.0	82.3	105.3	139.0	145.0	102.0	65.0	31.8	9.7	757

[표 4.8]에는 상기의 식에 사용되는 각 값들을 토양특성에 따라 정리하였다.

표 4.8 토양에 따른 수문학적 용량

토 양	S(%)	G(%)	AWC(%)	$x\ \dfrac{AWC}{G}$
거친 모래	24.4	17.7	6.7	0.38
거친 모래가 섞인 양토	24.5	15.8	8.7	0.55
모래	32.3	19.0	13.3	0.70
양토가 섞인 모래	37.0	26.9	10.1	0.38
양토가 섞인 미세한 모래	32.6	27.2	5.4	0.20
모래가 섞인 양토	30.9	18.6	12.3	0.66
미세한 모래가 섞인 양토	36.6	23.5	13.1	0.56
매우 미세한 모래가 섞인 양토	32.7	21.0	11.7	0.56
양토	30.0	14.4	15.6	1.08
실트 양토	31.3	11.4	19.9	1.74
모래가 섞인 진흙 양토	25.3	13.4	11.9	0.89
진흙 양토	25.7	13.0	12.7	0.98
실트가 섞인 진흙 양토	23.3	8.4	14.9	1.77
모래가 섞인 진흙	19.4	11.6	7.8	0.67
실트가 섞인 진흙	21.4	9.1	12.3	1.34
진흙	18.8	7.3	11.5	1.58

차단은 물수지연구에서 손실로 간주되며 중요한 인자인데 호우특성, 식물의 종류나 밀도 및 수밀정도, 계절에 따라 영향을 받게 된다. 울창한 숲에 의한 차단효과가 강우강도에 미치는 영향은 실제적인 유역관리에 이용될 수 있다.

차단으로 인한 손실량을 추정한 바 습윤삼림지역에서 강수량의 약 25%정도가 강수량에 대한 차단손실이 된다는 연구가 있었으며, 특정유역의 연간 총강수량 1304mm에서 유역의 수목들을 깨끗이 벌목하였을 경우 하천유출이 연간 346mm 증가한 사실을 확인한 바도 있다. 그러나 비교적 짧은 기간동안 발생되는 강한 호우나 홍수시 유출 모형연구에서는 차단에 의한 영향은 무시된다.

차단에 대한 측정은 현장관측과 이론적 모형에 의한 방법으로 대별되는데, 일정한 강우기간동안 증발량이 무시되는 경우, 유역에 대한 총강수량은 차단된 양과 지표면에 도달된 양의 합이고 이에 대한 연속성이 유지되어야 한다.

주어진 식생조건하에서 강수량을 P_v, 지표면에 도달하는 총강수량을 P_g라 하면 다음과 같은 관계가 성립된다.

$$P_g = aP_v - b$$

여기서 a : 증발율이므로 1보다 작은 값

한편 주어진 기간동안에 연속성이 요구되므로 다음의 식이 성립된다.

$$P_v = P_g + \Delta s + E$$

여기서 Δs : 저류량의 변화
E : 증발량이다.

차단으로 인한 손실을 측정함에 있어서는 다음의 관계로 표현된다.

$$I = P_v - P_g - S_v$$

여기서 I : 차단으로 인한 손실
P_v : 총강수량
P_s : 지표면에 도달하는 총강수량
S_f : 잎이나 줄기를 타고 지표면에 도달하는 총강수량

상기의 식은 여러 실험을 거쳐 다음의 식으로 표현된다.

$$I = a + bP_v^{\ n} \quad \text{또는} \quad I = a + bP_v$$

여기서 a, b는 차단손실계수로 [표 4.9]에 그 값이 정리되었다.

표 4.9 차단손실계수

계수 / 식물의 종류	a	b
과수원	1.0	0.18
잡목	0.5~1.27	0.18
보리, 밀 등	0.13	0.10

한편, 대부분의 차단손실은 초기 호우기간동안 발생하여 시간이 지남에 따라 빠른 속도로 차단율이 감소하여 0에 가까워진다. 총호우차단량은 다음과 같은 식으로 산정할 수도 있다.

$$L_I = S_I + KEt$$

여기서 L_I : 차단된 물의 양
S_I : 바람과 중력에 의해 잎이 보유할 수 있는 차단 저류량
K : 차단하는 잎의 지표면적과 이 면적의 수평투영면적과의 비
E : 강수기간 동안 시간당 증발하는 물의 총량
t : 시간(hr.)

핵심용어 및 내용

1. 증발산의 정의와 영향인자

태양열 에너지에 의해서 지표면에 떨어진 강수량이 대기중으로 되돌아가는 현상

(일반적으로 증발, 증산, 승화를 말함)

구분	설명
증발(evaporation)	저수지와 같은 수표면이나 토양표면의 물분자가 태양열에너지에 의해서 액체에서 기체로 변화하는 과정
승화(sublimation)	고체상태에서 기체상태로 기화되는 현상
증산(transpiration)	식물의 엽면을 통해 대기중으로 수분이 방출되는 현상

2. 증발에 영향을 미치는 인자

① 온도 : 수온 상승시 → 물 분자의 운동에너지 증가(증기압 상승)

증발률 : $\frac{dE}{dt} = k(e_s - e)$

여기서, e_s : 포화증기압, k : 비례상수

e : 혼합체(건조한 공기 분자와 물분자)의 실제 증기압

② 바람 : 기화한 물분자를 표면으로부터 이동시켜 증발률을 증가시킴.

$\frac{dE}{dt} = k'(1 + \frac{W}{10})$

여기서,W : 수면상 약 25ft에서의 풍속 (mile/hr), k' : 비례상수

③ 상대습도 : 상대습도의 증가 → 증발률의 감소

④ 대기압 : 고도의 증가 → 증발률의 증가

⑤ 수질 : 불순물의 증가 → 증발률의 감소

⑥ 증발면의 성질과 형상

※ $\text{증발률}(mm/day) = \frac{\text{일증발량}(m^3/day)}{\text{수표면적}(km^2)}$

3. 증발량의 산정방법

▶ 증발접시에 의한 방법

pan coefficient(증발접시계수) = 저수지 증발량 / 접시 증발량 < 1

▶ 경험공식에 의한 방법

▶ Penman 이론

▶ 물수지 방정식에 의한 방법

$E = P + I \pm U - O \pm S$

▶ 에너지 수지식(또는 열수지법)

▶ Thornthwaite - Holzman 법

▶ Blaney - Criddle 법

4. 증산량의 산정

① 증산계(phytometer) ← 개략적인 지표

: 큰 용기속에 식물을 심고, 수분 방출량은 용기의 무게 변화로 측정.

② 증발산계(lysimeter)

: 자연상태하에서 증발산량 산정

되짚어 보기

1. 증발과 증산의 정의를 설명하시오.

2. 증발에 영향을 미치는 지배인자를 쓰고 간단하게 설명하시오.

3. 증발량의 산정방법을 쓰고 설명하시오.

4. 다음의 표는 월 증발접시 자료이다.

월	1	2	3	4	5	6	7	8	9	10	11	12
증발량(mm)	145	130	205	275	296	215	233	208	201	174	124	117

1월중 저수지 물의 확산면적(water spread area)은 5.0km^2이고, 12월은 3.8km^2으로 측정되었을 때, 연간 증발량을 산정하시오. 단, 증발접시계수는 0.75로 한다.

5. Bowen의 비를 설명하시오.

6. 북위 60° 에 위치한 저수지로부터 8월중의 하루에 증발량을 산정하고자 한다. 측정하고자 하는 날의 평균기온은 24℃이었으며 상대습도는 60%, 구름의 정도($\frac{n}{D}$)는 0.3이고 저수지 수면으로부터 2 m지점에서의 풍속은 2.8 m/sec이며 저수지 면적은 20km^2이었다. 일 증발량을 산정하시오.

7. 수표면적이 10km^2 되는 어떤 저수지면으로부터 측정된 대기의 평균온도가 25℃ 이고, 상대습도가 65%, 저수지면 6m 위에서 측정한 풍속이 4m/sec 이고, 저수지면 경계층의 수온이 20℃로 추정되었을 때 증발률(Eo)이 1.44mm/day였다면 이 저수지면으로부터의 일증발량은?

8. 어느 지역의 증발접시에 의한 연증발량이 750mm이다. 증발접시 계수가 0.7일 때 저수지의 연증발량을 구한 값은?

9. 증발량의 억제 방법을 설명하시오.

10. 증산의 지배인자를 쓰고 간단하게 설명하시오.

11. 기상자료에 의한 잠재증발산량 산정방법을 설명하시오.

12. 차단효과를 설명하시오

CHAPTER 05

침투와 침루

CHAPTER 05

침투와 침루

infiltration and percolation

유역내의 강수분포에서 침투 및 침루현상은 매우 중요한 인자 중 하나이다. 지상에 내린 비는 토양과 지면을 흐르며 지표면이 완전하게 수분으로 충족된 후에는 강수가 지표 침투층으로 스며들거나 불투수층 위를 흘러 하천에 도달하게 된다. 투수층인 지표면에서 토양속의 공극을 통해 물이 지하로 스며드는 현상을 침투(infiltration)이라 한다. 침투가 발생하는 비율은 식물의 종류, 식생의 피복정도, 지표면의 균열 등 상태, 온도, 강우강도, 토양의 물리적 성질 및 수질에 따라 다르다. 침투된 물은 중력의 영향으로 지하로 이동하여 지하수면(ground water table)까지 도달하게 되는데 이러한 현상을 침루(percolation) 또는 깊은 침투(deep seepage)라 한다.

5.1 침투능

물이 지표층을 지나 이전되는 비율은 지표면 상태에 따라 상당한 차이가 나는데 예를 들어 미세한 물질로 이루어진 하천은 하천바닥이 차단되어 밑에 있는 토양의 침투능이 커도 침투율은 낮다.

Horton은 주어진 조건하에서 토양면을 통해 물이 침투할 수 있는 최대율을 침투능(inflitration capacity, fp)이라 하였으며, mm/hr 또는 in/hr 단위로 표시하였다. 침투현상은 다음과 같은 3단계의 과정으로 이루어진다.

① 물의 토양면 유입(surface entry)
② 토양 내부로의 이동(transmission in the soil)
③ 토양내 저류용량의 고갈(depletion of storage capacity)

이와 같은 각 단계에 영향을 주는 인자는 앞서 언급한 여러 가지가 있으며 이를 정리하면 다음과 같다.

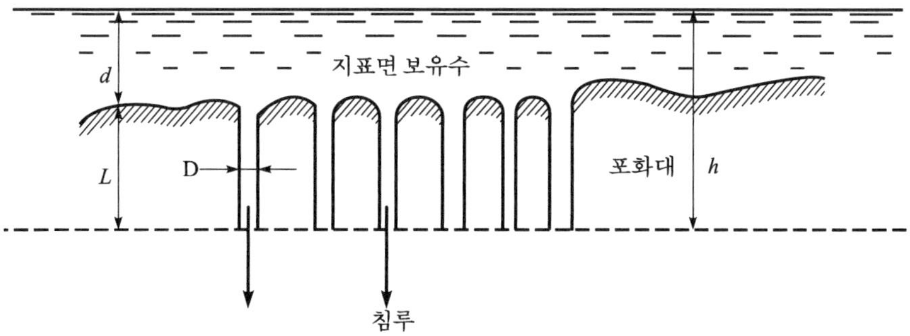

그림 5.1 침투과정

(1) 토양의 종류

침투능은 주로 토양 속의 공극의 크기(pore size), 공극의 분포상태(pore size distribution), 강우시 이들 공극의 안정성에 크게 영향을 받는다. 자갈의 경우 공극이 매우 크므로 투수성(permeability)이 매우 높다. 모래질 토양에서는 공극이 비교적 크고 안전성이 크기 때문에 투수율은 대체로 크다. 실트(silt)질이나 점토질 토양은 강우에 의해 그 구성이 분해되며 콜로이드 물질(colloidal material)이 물에 의해 부풀기 때문에 공극이 크게 줄어들며 미립자가 부유하다가 공극을 막으므로 침투율은 크게 떨어져 투수성이 가장 낮게 된다.

(2) 지표면 보유수의 깊이 및 포화층 두께

지표면을 통한 물의 침투현상을 토양속에 공극으로 형성되는 수많은 미소관을 통한 흐름으로 생각할 수 있다. [그림 5.1]은 직경 D, 길이 L인 미소관을 통한 물의 침투 과정을 도시하고 있는데 물이 X면까지 도달하는데 필요한 손실수두 h는 다음과 같다.

$$h = d + L$$

여기서 d는 지표면 위에 보유된 물(surface detention)의 깊이

흐름으로 인한 마찰력은 L에 비례하므로 강우의 초기에 포화층(saturation layer)의 두께 L의 증가는 흐름에 대한 마찰력을 증가시키며, 이로부터 침투능 f_i 는 감소하게 된다. 강우가 지속됨에 따라 포화대(zone of saturation)가 완전히 포화되면 L은 d보다 매우 크게 되고 일정한 값을 나타낸다. 즉, 상기의 식에서 $h \fallingdotseq L$이 되고 이는 흐름에 대한 마찰이 일정하게 됨을 나타내므로 침투능 f_i 도 거의 일정한 값을 나타낸다. 이와 같은 사실을 표현한 것이 [그림 5.2]이며 강우가 지속되는 시간에 따라 침투능이 감소하는 모습을 나타냈다.

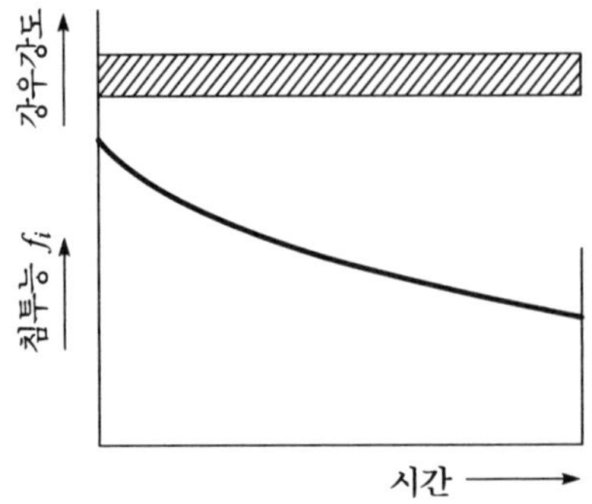

그림 5.2 강우지속시간에 따른 침투능 변화

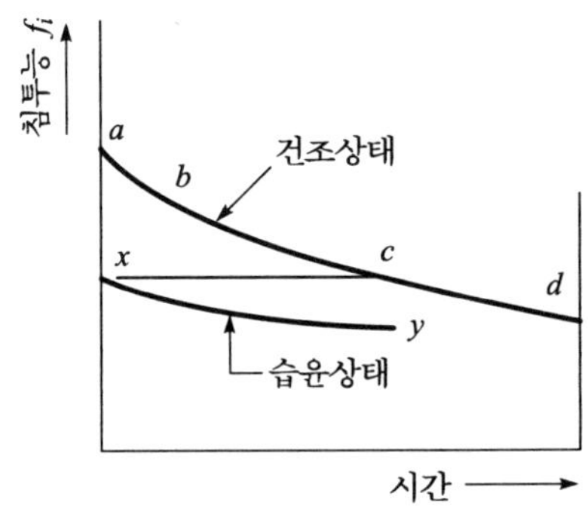

그림 5.3 토양의 함유수분에 따른 침투능 변화

(3) 토양의 함유수분

강우의 초기에 토양이 완전건조상태에 있게되면 모관력(capillary force)에 의하여 매우 큰 침투능을 보이게 되나, 침투가 지속되어 지표층이 어느정도 포화상태에 이르면 침투능은 감소하게 되며 이는 [그림 5.3]의 abcd곡선과 같은 모습을 보여줄 것이다. 만약 토양이 강우가 시작되기 이전부터 어느 정도 수분을 함유하고 있는 습윤상태라면 침투능 f_i는 곡선 xy와 같은 건조상태보다 낮을 것이나, xy곡선은 abcd곡선의 일부인 cd구간을 일정한 시간만큼 평행이동시킨 것이다.

(4) 토양의 다짐정도 및 식생피복

자연적인 또는 인위적인 작용에 의한 토양의 다짐은 공극의 크기를 작게 하며 공극분포도 변하게 된다. 다짐에 의한 불투수층화로 침투능은 다짐정도에 따라 감소하게 될 것이다. 반면에 식생피복은 침투능을 증대시켜 주는데, 식물이 우수의 충격력으로부터 토양을 보호해

주며 뿌리조직은 주위의 토양이 다져지는 것을 방지하고 식물주위의 유기물질은 흙을 스폰지상태로 만드는 효과가 있다. 또한 식물의 증산작용은 토양내의 수분을 대기 중으로 방출시키므로 토양내의 수분을 보충시키려는 침투능은 증가하게 된다. 일반적으로 유역내의 식생피복은 사방효과가 크고 침투를 증가시켜 홍수유출량을 감소시키는 효과를 얻는다.

(5) 기타

침투능에 영향을 주는 기타 인자에는 여러 가지가 있으나 토양의 동결 및 기온의 변화가 중요한 인자로 간주된다. 토양이 포화된 상태에서 동결되면 거의 불투수성이 되나 건조상태의 토양이 동결되면 공극이 커져 침투능이 오히려 크게 된다. 토양의 온도는 공극을 통한 흐름이 대체로 레이놀즈수가 10이하인 층류(laminar flow)이므로 Newton의 마찰법칙에 따라 물의 점성에 가장 큰 영향을 주는 온도에 좌우된다. 그러므로 침투능은 겨울철보다 여름에 더욱 크게 된다.

5.2 침투의 산정방법

침투에 관한 상당한 연구가 진행되었으나 자연적으로 존재하는 토양과 다른 요인들과의 관계를 생각할 때 정확한 양을 산정하는 일반적인 관계를 설정하기는 매우 어렵다. 일반적으로 토양의 침투능은 소규모의 실험지역에서 침투계(infiltrometer)에 의한 실측, 구덩이나 연못에서 관측(observation in pits and ponds), 실험실에 시험유역설정에 의한 방법(placing a catchment basin below a laboratory sample), 인공강우에 의한 시뮬레이션(artificial rain simulation), 수문곡선 해석으로 인한 방법(hydrograph analysis)이 있으며, 이들 측정자료를 이용하여 유도한 경험식으로 산정하는 방법이 있다. 이들 방법은 어느 유역의 특정지점에서 특정한 조건하에서만 적용될 수 있으므로 유역전체에 걸친 평균 침투능 산정에는 무리가 있으며 이는 침투량 산정에 있어서 가장 중요한 것은 강우의 공간적 변화임을 말해준다.

5.2.1 침투계에 의한 방법

소규모의 실험지역에서 실시되는 침투계에 의한 침투능 측정에 사용되는 침투계는 원통형(flooding) 침투계와 관 침투계, 인공강우형(sprinkling) 침투계가 있다.

(1) 원통형 침투계

[그림 5.4]에 원통형 침투계의 평면 및 측면도가 있으며, 그림과 같이 설치된 침투계에 수면계가 설치된다. 물은 일정한 시간간격으로 일정한 깊이를 유지하는데 첨가되는 물과 요구되는 깊이를 유지하도록 원관 속으로 흘러 들어간다. 최소한 6시간이상의 관측으로 인한 결과는 [그림 5.5]와 같이 침투율과 시간으로 나타낸다. 내부 원관 바깥에 외부 원관의 설치목적은 건조한 토양 주위에 부풀어진 현상인 모서리효과(end effect)를 가능한 한 제거하는데 있다.

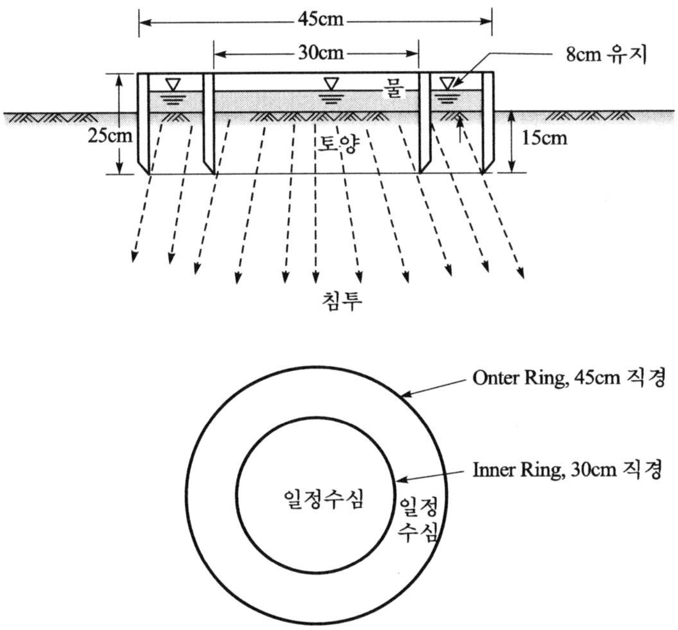

그림 5.4 원통형 침투계(측면 및 평면도)

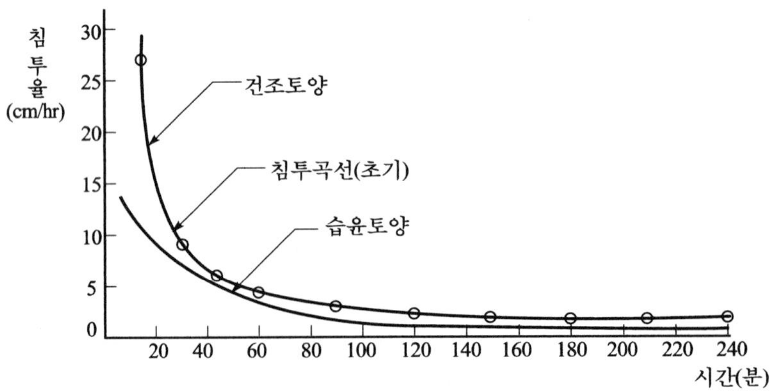

그림 5.5 실측 침투곡선

(2) 관침투계

[그림 5.6]과 같이 관 침투계는 실험시 물이 침투하는 깊이를 최소화하기 위해 길이 45~60cm, 지름 약 22.5cm인 하나의 관으로 되어 있다. 그림에서와 같이 물이 측면으로 확산되지 않으며, 일정한 깊이를 유지하고 일정한 간격의 시간에 첨가된 물은 침투곡선으로 표현된다.

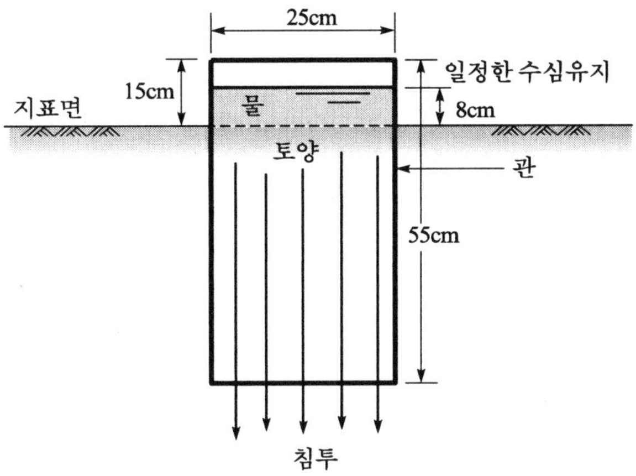

그림 5.6 관 침투계

(3) 인공강우형 침투계

일반적으로 많이 사용되는 인공강우형(sprinkling)에는 F형 노즐을 사용한다. 실험실에 노즐을 사용하여 일정한 강도의 인공강우를 일정시간동안 내리게 한 후 강우강도와 그 지역으로부터의 유출율을 측정하고 임의 시간에 있어서 침투능을 측정한다. 일반적으로 자연상태의 경우보다 큰 침투능 값을 나타낸다.

5.2.2 경험식에 의한 방법

침투능을 산정하기 위한 경험식은 대부분 실험실 측정자료로부터 유도되었으며 여러 경험식 중 널리 알려진 Horton식과 Philip식 및 Holtan식을 소개하면 다음과 같다.

(1) Horton공식

Horton(1930)은 실측에 의한 침투능을 [그림 5.7]과 같이 나타내고 다음과 같은 식을 제안하였다.

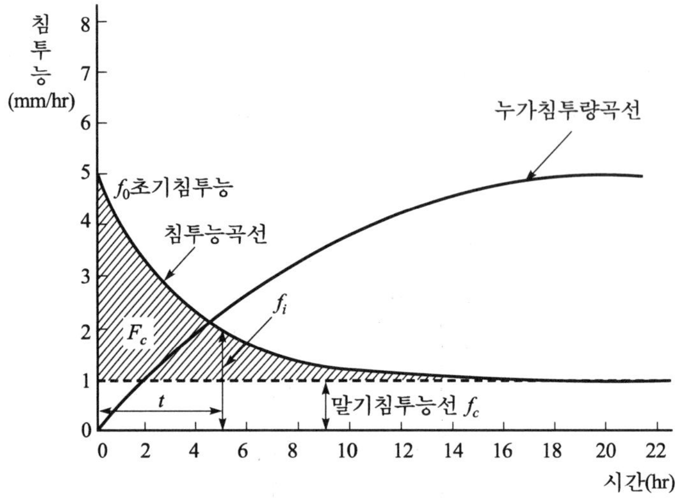

그림 5.7 침투능곡선

$$f_i = f_c + (f_o - f_c)e^{-kt}$$

여기서 f_i : 임의 시간 t 에서 침투능(mm/hr)
f_c : 말기(평형) 침투능(mm/hr)
f_o : 초기 침투능(mm/hr)
k : 상수

상기의 식을 강우의 시작시간부터 임의시간까지 적분하면 그 기간 동안의 누가침투량(accumulated infiltration)을 얻을 수 있다.

$$F = \int_0^t f_i dt = f_c \cdot t + \frac{1}{k}(f_o - f_c)(1 - e^{-kt})$$

한편, 상수 k값에 따라 침투능곡선이 변화되는 모습은 [그림 5.8]과 같다.

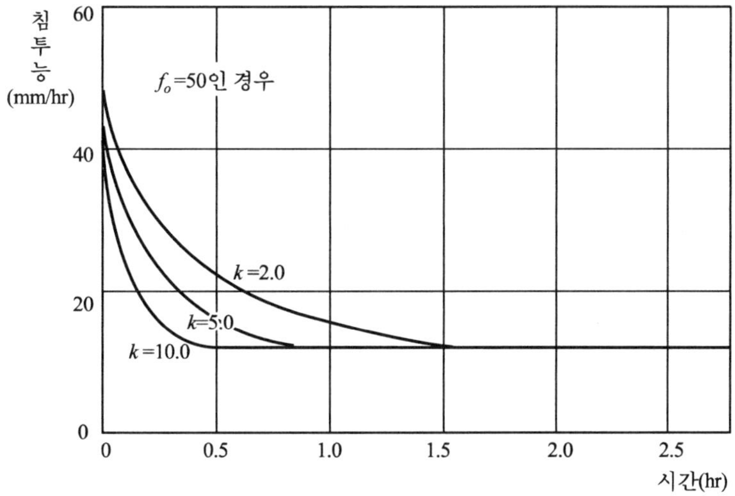

그림 5.8 상수 k값에 따른 침투능곡선

[그림 5.7]은 상기 식들의 관계를 나타내었는데 초기 침투능 f_o는 유한값이고 강우시작 후 일정한 값 f_c에 도달되며, 누가침투량은 강우초기에 급격하게 증가하다가 강우가 지속됨에 따라 증가율이 감소한다. f_o, f_c, k 값은 토양의 종류 및 토양표면을 덮고 있는 식물의 종류 및 성장상태에 따라 달라진다.

예제 5.1

다음의 조건에서 말기 침투능 f_c를 구하여 침투능곡선을 나타내시오.
강우지속기간 : 12시간
누가침투량(F) : 46.5 mm
초기침투능(f_o) : 8.75 mm/hr
상수 k : 0.2

풀이

적분식에 상기 값을 대입하면

$$46.5 = f_c \times 12 + \frac{1}{0.2}(8.75 - f_c)(1 - e^{-0.2} \times 12)$$

$$\therefore f_c = 0.9(\text{mm/hr})$$

그러므로 침투능곡선식은 다음과 같다.

$$f_i = 0.9 + (8.75 - 0.9)\, e^{-0.2t}$$
$$= 0.9 + 7.85\, e^{-0.2t}\ (\mathrm{mm/hr})$$

(2) Philip 공식

Philip(1957~1958)은 Horton의 침투능모형이 비교적 짧은 시간에서는 침투능과정을 적절하게 표현하지 못하는 점을 보완하기 위하여 비포화층내 물의 흐름에 대한 연속방정식과 운동방정식으로부터 편미분방정식의 형태로 균일한 특성을 가지는 토양속에서 연직방향으로 침투하는 누가수량을 시간과 토양 특성의 함수로 다음과 같이 제안하였다.

$$F(t) = St^{\frac{1}{2}} + At$$

여기서 $F(t)$: 시각 t에 있어서 누가 침투량(ρm)

S : 흡착률(sorptivity; $\mathrm{cm/sec^{\frac{1}{2}}}$)

A : 토양의 특성에 따른 상수

상기의 식을 시간 t에 관하여 미분하면 침투율 $f(t)$를 얻을 수 있다.

$$f(t) = \frac{1}{2} St^{-\frac{1}{2}} + A$$

Philip은 시간 t가 증가하면 상기의 식들에 있는 A는 토양의 투수계수 k와 거의 같아지며 흡착률 S는 최종누가침투량 F를 총침투시간 t의 제곱근으로 나누어 구할 수 있다고 다음과 같이 제안하였다.

$$S = \frac{F}{\sqrt{t}}$$

예제 3.1

직경 10cm의 원통형 관에 흙을 채우고 30분 동안 침투량을 측정하였더니 500cm^3이 되었다. Philip식을 사용하여 1시간, 6시간, 12시간, 24시간에서의 침투능을 구하시오.

풀이

원통형관의 단면적 $A = \frac{\pi \times 10^2}{4} = 78.5\ \text{cm}^2$

총누가량$(F) = \frac{500\ \text{cm}^3}{78.5\ \text{cm}^2} = 6.37\text{cm}$

$S = \frac{F}{\sqrt{t}} = \frac{6.37}{\sqrt{30 \times 60}} = 0.15\text{cm/sec}^{\frac{1}{2}}$

A값은 무시할 수 있을 정도로 작으므로 $f(t) = \frac{1}{2} S t^{\frac{1}{2}}$로 산정한다.

$f(t) = \frac{1}{2} \frac{0.15 \times 10}{\sqrt{t} \times 3600} \times 3600 = \frac{45}{\sqrt{t}}\text{mm/hr}$

그러므로 1시간 : $f(1) = 45\ \text{mm/hr}$

6시간 : $f(6) = 18.37\ \text{mm/hr}$

12시간 : $f(12) = 12.99\ \text{mm/hr}$

24시간 : $f(24) = 9.19\ \text{mm/hr}$

(3) Holtan 공식

토양의 수분과 공극 및 식물의 뿌리조직이 침투능을 지배한다고 생각한 Holtan은 농경지에 적합한 다음의 식을 제안하였다.

$$f = GI \cdot A \cdot S_a^{1.14} + f_c$$

여기서 f : 침투능(in/hr)

GI : 식물의 성장정도를 표시하는 지표(growth index)

A : 토양공극, 식물의 뿌리조직밀도에 따른 침투가능비율(in/hr/in1.4)

S_a : 지표면에서 침투가능수분량(in)

f_c : 말기의 침투능

시간이 흐름에 따라 S_a는 감소할 것이며, 말기의 침투능 f_c는 [표 5.1]에 정리되었다.

표 5.1 Holtan 공식에서 fc값

토양층	최상층(A층)	상중층(B층)	중하층(C층)	최하층(D층)
fc(in/hr)	0.45~0.30	0.30~0.15	0.15~0.05	0.05~0.0

상기의 식에서 지표면의 침투가능수분량 중 일부분은 식물의 뿌리조직밀도의 함수로 가정된다. 즉, 식물줄기나 뿌리조직에 의해 점유된 지표면 면적의 백분율로 나타내며, 식물의 성장에 의해 결정되는 매개변수 A에 의해 주어진다. [표 5.1]에서 주로 농경지에 적용되는 최상층(A층)에서의 실험값이 [표 5.2]에 정리되었다.

예제 5.3

다음과 같은 강우가 발생시 강우초기의 침투조건은 아래와 같다.

GI = 1.0, A = 0.8, Sa = 0.5 in

시간(hr)	1	2	3	4
우량(in)	0.5	0.3	0.25	-

Holtan공식으로 시간별 침투율을 구하시오. 단, 토양층은 최상층(A층)으로 한다.

표 5.2 Holtan공식에서 A값

토지 이용 또는 피복상태	바닥면적	
	저밀도	고밀도
휴경지	0.10	0.30
논	0.10	0.20
밭	0.20	0.30
건초(잔디)	0.20	0.40
건초(콩과 식물)	0.40	0.60
목초지	0.20	0.40
일시적 초지	0.40	0.60
항구적 초지	0.80	1.00
숲	0.80	1.00

풀이

식에서 Sa는 다음의 식으로 표현된다.

$S_{at} = S_{a_{t-1}} - f_{t-1} + f_{c_{t-1}}$

그러므로 시간별 침투율을 정리하면 아래의 표와 같다. f_c값은 [표 5.1]로부터 0.3으로 가정한다.

시간(hr)	GI×A	Sa(in)	Sa1.4	GI×A×Sa1.4	fc(in/hr)	f(in/hr)
1	0.8	0.5	0.379	0.303	0.3	0.603
2	0.8	0.197	0.103	0.082	0.3	0.382
3	0.8	0.115	0.048	0.039	0.3	0.339
4	0.8	0.076	0.076	0.022	0.3	0.322

5.3 침투지수

비교적 동질성을 가진 소유역에서 강수량, 증발산량, 지표유출량을 측정하여 정량적으로 해석함으로써 유역의 평균침투능을 산정하고자 하는 방법으로 침투지수(infiltration index)를 이용한다. 침투지수는 대체로 침투능이 일정하게 발생하거나 또는 호우기간 동안에 평균적으로 발생하는 것으로 가정한다.

Horton은 호우기간동안 증발량은 무시할 수 있으므로 총 강우량과 침투량의 차이인 잉여강우량(rainfall excess)은 모두 지표면유출(surface runoff)이 된다고 가정하여 유역의 총강우량과 총유출량의 관계에서 평균침투능을 산정하였다.

이와 같은 지표면유출량(또는 잉여강우량)을 총강우량으로부터 빼면 호우기간동안의 총침투량이 산정되고 이를 강우지속기간으로 나누면 평균침투능이 되며 이를 침투지수라 한다. 유역의 실제침투능은 강우가 지속됨에 따라 Horton의 공식에서와 같이 지수함수 곡선식으로 감소하기 때문에 침투지수법은 호우기간동안 작은 선행함수량을 고려하는 경우 강우초기에는 실제보다 작은 침투율이 되며 강우의 말기에는 과다하게 침투율이 산정된다.

그러므로 침투지수법은 토양의 함유수분이 크거나 또는 호우의 강도가 크고 지속기간이 길어서 강우초기에 침투율이 일정하게 되는 호우의 경우에 평균침투능을 산정하는데 적용하는 것이 가장 효과적이다.

침수지수법에는 Φ-지수법(Φ-index method), W-지수법(W-index method), F-지수법(F-index method)이 있으나, 여기에서는 가장 일반적인 Φ-지수법과 W-지수법을 소개한다.

5.3.1 Φ-지수법

Φ-지수는 [그림 5.9]와 같은 강우강도의 시간에 따른 변화를 나타내는 우량주상도(rainfall hyetograph)에서 총강우량과 손실량(침투량)을 구분하는 수평선의 강우강도를 말하며, 이 값이 호우발생유역에서의 평균침투능이다.

[그림 5.9]에서 빗금친 부분은 지표유출량을 유역으로 나눈 평균깊이(mm)를 나타내며 손실유량은 지면보유, 증발산, 침투 등에 의한 손실을 나타낸다. Φ-지수법은 침투능의 시간적 변화를 고려하지 못하는 단점이 있으나 비교적 간단하고 큰 유역에서 임의의 호우 발생시 유역에서의 유출량을 개략적으로 산정하기에 편리하므로 실제로 많이 사용되고 있다.

임의의 호우에 대한 Φ-지수를 결정하기 위해 다음과 같은 식을 사용한다.

$$\Phi-\text{지수} = \frac{F}{T} = \frac{P-Q}{T}$$

여기서 F : 유역의 총침투량
T : 유효우량의 지속기간
P : 총강수량
Q : 측정된 지표유출량(잉여유출량)

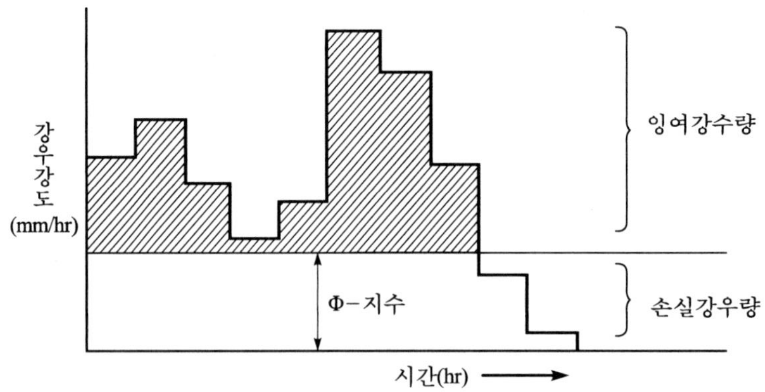

그림 5.9 Φ-지수법

예제 5.4

어느 유역에 총강수량은 80mm이고 잉여유출량이 34mm인 경우의 우량주상도가 그림과 같을 때 Φ-지수를 구하시오.

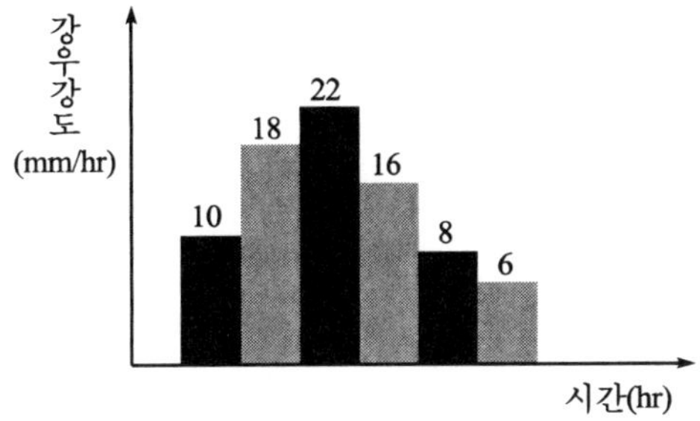

풀이

그림에서 상부로부터 잉여유출량 34mm를 수평선으로 그어 내려가며 구하면 다음의 그림과 같다.

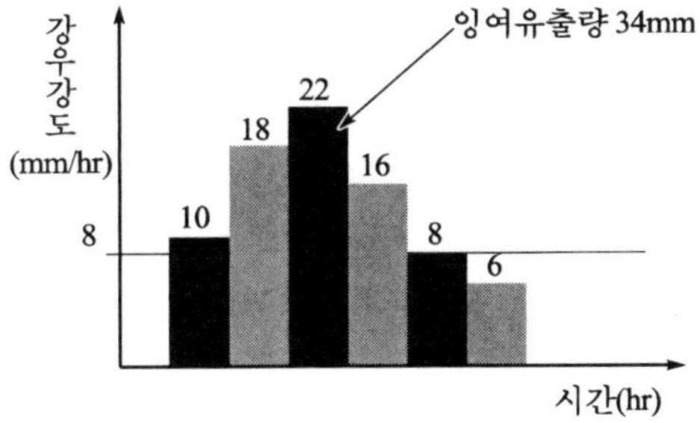

그림으로부터 Φ-지수는 8mm/hr임을 알 수 있다.

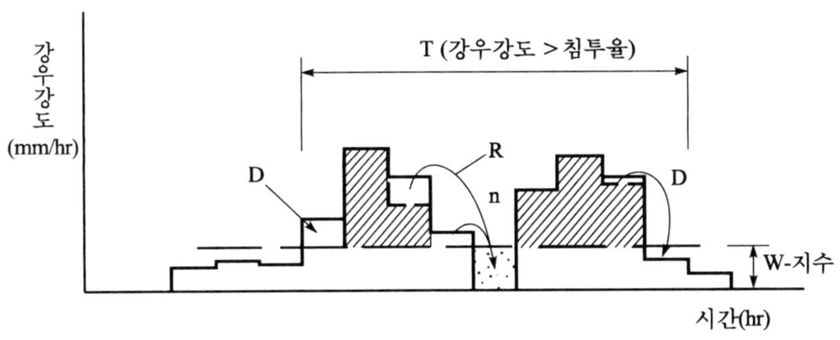

그림 5.10 W-지수법

5.3.2 W-지수법

Φ - 지수법을 개선한 방법으로 Φ - 지수법에서는 손실량에 지표면 저류나 웅덩이나 연못의 저류 등이 포함되어 있으나 이들은 실질적인 침투량이 아니다. 그러므로 W-지수법에서는 지표면저류나 보유량을 손실량에서 제외시키고 호우기간 중 강우강도가 특정한 침투능보다 작은 기간에 대한 고려를 한다. [그림 5.10]에서 유출량 및 강우량 자료로 W-지수선의 위치를 대략적으로 선정한 후 각 종 손실량을 조정하면서 W-지수선을 연직상하로 이동시키면서 유출량을 만족시키는 위치를 찾는다. 그러므로 W-지수는 강우강도가 침투능보다 큰 호우기간동안의 평균침투율이며, 다음과 같이 표현될 수 있다.

$$W-\text{지수} = \frac{F}{T} = \frac{P-Q-D-R}{T}$$

여기서 F : 유역의 총침투량
T : 강우강도가 침투율보다 큰 시간간격
P : 총강수량
Q : 측정된 지표유출량
D : 지면저류 및 보유량
R : 단시간의 무강우시간에 해당하는 우량

토양의 함유수분이 상당히 높은 상태에서 침투능이 거의 f_c값에 가까운 조건에서 호우발생 시 지표면저류량은 최소가 되며 W-지수는 Φ - 지수와 유사한 값을 가진다. 이와 같은 침투지수를 사용한 방법은 총강우량으로부터 지표유출량을 산정하며 유도된 침투지수는 호우특성이나 토양의 조건이 침투지수가 유도되었을 때의 조건과 동일한 경우에만 적용이 가능하고 각 지수값이 이러한 조건들에 따라 크게 변하므로 지표면유출 이외의 인자들을 분석하여 사용하는 것이 효과적인 결과를 가져올 것이다.

핵심용어 및 내용

1. 침투와 침루

- 침투(infiltration) : 물이 지표면을 통하여 스며드는 현상
- 침루(percolation) : 토양면을 통해 스며든 물이 중력작용에 의하여 지하로 이동하여 불투수층까지 도달하는 현상
- 침투능 : 어떤 토양에서 물이 침투할 수 있는 최대비율.(mm/hr, in/hr)
- 침루능 : 지표면을 통과한 물이 지하수면에 도달할 수 있는 최대비율

2. 침투능에 영향을 주는 인자

구분	설명
함수량	흙 속에 중력의 영향에 저항하여 보유된 물의 최대수심은 1ft 깊이마다 1.25~3in로 추정
강우의 영향	나대지에서 우수에 의한 지표유출시 지표면의 공극을 메우게 되거나 치밀하게 하여 침투능을 감소
지질	암석, 지층의 노출, 균열 정도, 풍화작용에 의한 토양화 정도
토양의 종류	공극의 크기와 그 분포상태 및 공극의 안정성에 좌우됨 (사질이 점토질보다 투수성이 큼)
식생의 피복	우수의 충격으로부터 토양의 보호, 뿌리조직에 의한 공극의 보존 등 침투조장 → 지표유출량 감소
토양의 다짐 정도	토양이 다져지면 공극의 크기가 작아져 침투능이 현저히 저하
포화층의 두께	포화층이 두꺼울수록 흐름의 마찰이 커져서 침투능 저하
대기의 온도	추운 겨울에 비해 따뜻한 계절이 침투능이 더 크다.
기타인자	기온(동결, 물의 점성), 소곤충, 식물의 부패 → 침투능 증대 적설 → 침투능 감소

3. 침투능 결정방법

- 침투계(infiltra meter)에 의한 방법
- 경험공식에 의한 방법(Horton의 침투능 곡선식)
- 침투지수법에 의한 침투능 추정 방법

① φ-index법 : 우량주상도에서 총강우량과 손실량을 구분하는 수평선에 대응하는 강우강도로 침투능의 시간적 변화를 고려하지 않은 단점이 있다.

② W-index법 : φ-index법을 개선한 방법으로 총강우량에서 차단 또는 저류량은 빼고 계산하는 방법이며, 강우강도가 침투능보다 큰 호우기간 동안의 평균 침투율이다.

※ 침투지수(infiltration index) : 평균침투율을 말하며, 호우기간 동안의 총침투량을 호우의 지속기간으로 나누어서 구한다.

되짚어 보기

1. 침투와 침루를 설명하시오.
2. 침투능에 영향을 주는 인자를 쓰고 설명하시오.
3. 침투계의 종류를 쓰고 설명하시오.
4. Horton식을 쓰고 설명하시오.
5. 다음의 조건에서 말기 침투능 fc를 구하여 침투능곡선을 나타내시오.
   강우지속기간 : 10시간
   누가침투량(F) : 56.5 mm
   초기침투능(fo) : 9.75 mm/hr
   상수 k : 0.25
6. 직경 12 cm의 원통형 관에 흙을 채우고 30분 동안 침투량을 측정하였더니 600 cm^3이 되었다. Philip식을 사용하여 1시간, 6시간, 12시간, 24시간에서의 침투능을 구하시오.
7. 다음과 같은 강우가 발생시 강우초기의 침투조건은 아래와 같다.
   GI = 1.2, A = 0.9, Sa = 0.4 in

시간(hr)	1	2	3	4
우량(in)	0.3	0.5	0.35	–

   Holtan공식으로 시간별 침투율을 구하시오. 단, 토양층은 최상층(A층)으로 한다.
8. 여주 유역에 내린 호우사상의 시간적 분포는 다음과 같다. 유역의 출구에서 측정한 지표유출량이 18mm일 때 ϕ–지표는?

시간(hr)	0–1	1–2	2–3	3–4	4–5	5–6
강우강도(mm/hr)	2	10	6	8	2	1

9. Φ–지수법을 설명하시오.
10. W–지수법을 설명하시오.

CHAPTER 06

유출

CHAPTER 06 유출

runoff(steam flow)

수문학에서 지표수란 지표면을 따라 흐르는 물을 말하며, 수문순환과정에서 인간이 물을 이용하는 가장 밀접한 관계를 가지는 과정이 유출(runoff 또는 stream flow)이다. 즉, 유출이란 강수로 인한 물이 증발산, 침투, 지하수 등의 과정을 거치면서 결국에는 어떠한 형태로든 하천에 기여하게 되는 것이다. 그러므로 이는 배수유역 또는 집수면적으로부터의 흐름이 되며, 최종적으로 유역의 출구점에 모이게 된다.

6.1 유출의 구성

유출은 유수의 발생기원에 따라 지표면유출(surface runoff), 중간 유출 또는 지표하유출(interflow 또는 subsurface runoff), 지하수유출(groundwater runoff)로 나눌 수 있다. 유출 구성성분은 [그림 6.1]과 같으며, 유출의 구성을 강우와 연관시켜 요약하면 [그림 6.2]와 같다.

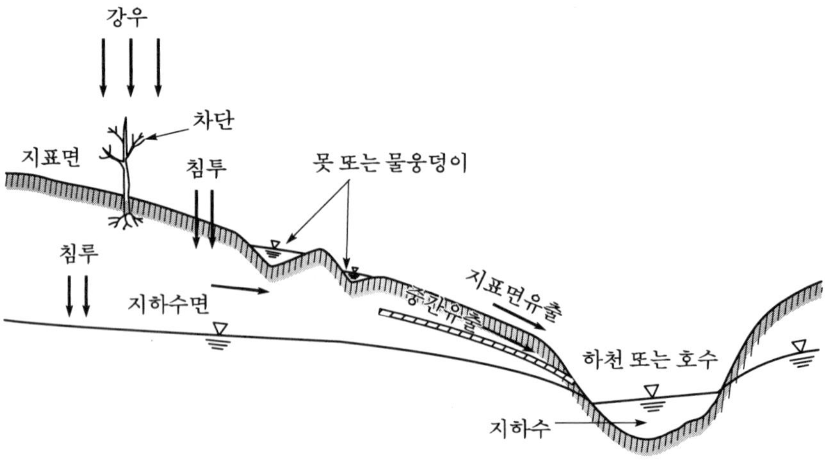

그림 6.1 유출의 구성성분

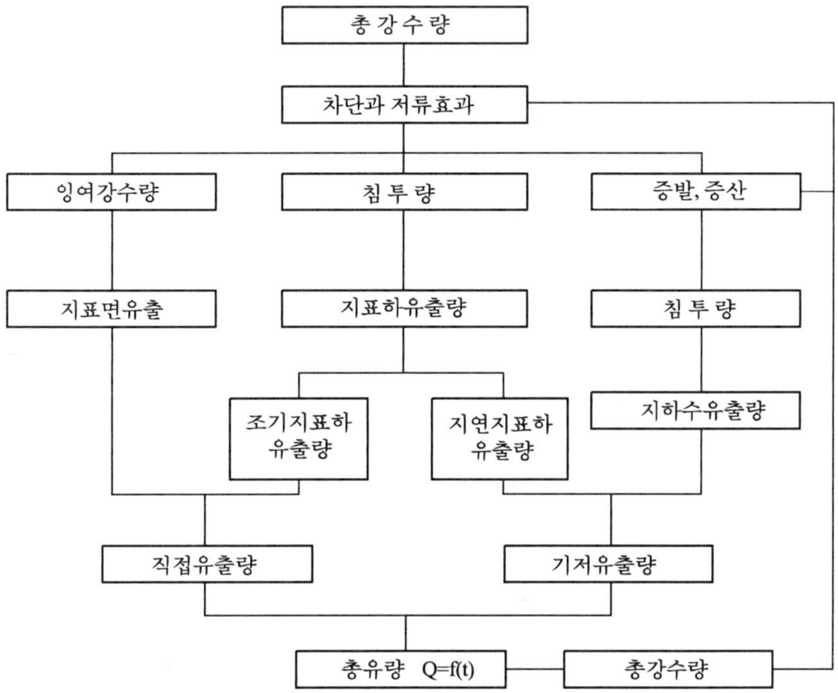

그림 6.2 유출의 구성

강우강도가 차단이나 침투능보다 크게 되면 물이 지표상에 머무르게 된다. 초기의 초과강우는 지표상의 요(凹)면에 저류되며, 저류수를 채우고 난 후에는 중력으로 인한 하향이동을 한다. 이러한 지표수의 초기 단계에는 표면장력이나 마찰력의 영향을 크게 받는다. 강우가 지속되는 동안 지면의 보유수나 지표수는 증가하나 [그림 6.1]과 같은 지표의 여러 장애물로 인해 하천 또는 호수에 도달하기까지는 지체 현상을 나타낸다.

지표면유출수는 지표면 및 지상의 각종 수로를 통해 유역의 출구로 모이는 유출의 한 부분이며, 하천 또는 호수에 도달하기 전에 지표면 위로 흐르는 유수를 지표유하수(overland flow)라 하고 지표유하수와 구분하기 위해 하천을 흐르는 유출을 하천유출(stream flow)라 한다.

지표하 유출수는 지표면 아래로 침투하여 토양의 상부층을 통하여 하천을 향해 흐르는 부분으로 지하수위보다 높은 층을 흐른다. 지표하 유출은 중간유출이라고도 하며 일부는 조기에 하천 등으로 흘러 들어가고(조기지표하유출) 일부는 상당한 기간이 지난 후 하천에 흘러들기도(지연지표하유출) 한다.

지하수 유출은 지표면 아래로 침투한 물이 침루과정을 거쳐 지하수를 이루고 비교적 장기간의 지하심층수로 있다가 매우 느린 속도로 하천 등에 유입된다. 실제적인 사용을 위해서는 [그림 6.2]에서와 같이 전체유출을 직접유출(direct runoff)과 기저유출(base flow)로 대별한다. 직접유출은 강수 후 비교적 단시간 내에 하천으로 흘러가는 지표유출수가 단시간 내 하천으로 흘러가는 조기지표하 유출수(prompt subsurface runoff) 및 하천이나 호수 등에 직접 내리는 수로상 강수(channel precipitation)로 구성된다. 수로상의 강수는 다른 유출수에 비해 상대적으로 적으므로 지표유출의 일부로 취급하며 유출해석시에는 중간유출수를 직접 유출에 포함시키기도 한다. 기저유출은 강우 이전의 건조한 기후시의 유출(dry- weather flow)을 말하며 지하수 유출 및 지연된 시간의 지표하 유출로 구성된다. 유출을 발생시키는 호우기간동안의 총 강수량은 초과강수량(precipitation excess)과 손실량(losses)으로 구성되는데, 초과강수량은 지표면 유출수의 형성에 직접 영향을 주는 총강수량의 일부분이며 손실량은 지표면 유출수가 되지 않는 총강수량의 잔여부분이다. 일반적으로 손실은 차단(interception), 증발산, 지면저류(surface detention), 침투 등에 의하며 이수의 측면에서 손실로 간주된다.
직접유출수의 근원인 강수의 일부분을 유효강수량(effective precipitation) 또는 강우의 경우 유효우량(effective rainfall)이라 한다. 그러므로 유효강수량 P_e는 다음과 같이 표현된다.

$$P_e = P_{excess} + Q_I$$

여기서 P_{excess} : 초과강수량

Q_I : 조기 지표하 유출량

6.2 유출과정

유출은 순환과정을 나타내며 다음과 같은 5단계의 과정을 보여 주는데 유출순환과정의 각 시점에서 발생하는 수문학적 현상을 임의의 하천단면을 가정하여 분석한 것이다.

(1) 무강우기간

지하수위가 낮아지며, 하천유량도 지표면 및 수면으로부터의 증발산 등에 의해 감소한다. 눈, 얼음 등의 존재시 빙점이상으로 온도가 오르면 이들이 유출수가 되지만 빙점이하인 경우는 수위의 감소가 지속된다.

(2) 강우 시작 단계

강우의 시작 단계에서는 강우량의 대부분이 증발산, 차단 및 지표면 저류 등에 의해 손실되어 지표하 유출수의 형성이 안 된다. 눈, 얼음 등이 빙점 이상의 온도에서 녹아 유출 현상이 발생하기도 하지만 일반적으로 손실로 없어지고 초과강우량이 발생하지 않는다.

(3) 강우 지속 기간

여러 강도의 강우가 연속적인 기간을 말하며 강우가 계속되어 증발산, 차단, 지표면 저류 등의 손실보다 강우량이 많아져 초과강우량이 발생하며 이것이 유출의 원천이 된다. 즉 유효강우량이 침투율보다 커지면서 지표면 유출수가 발생되며 침투된 물은 강우가 계속되면서 지표하의 통기대(zone of aeration)를 포화시키면서 지하수위가 상승한다. 지하수위가 하천수위보다 상승하게 되면 [그림 6.3]과 같이 지하수가 하천으로 유출되어 하천유량을 증가시킨다. 하천수위가 급격하게 상승하여 지하수위보다 높아지면 [그림 6.4]와 같이 하천수는 제방 등을 통하여 지하수로 유입되어 지하수위를 상승시킨다.

4) 저류공간의 충족

자연적인 또는 인공적인 상태의 모든 저류공간이 충만해지면서 강우는 계속되는 기간이다. 이 기간에 내린 강우의 침투율은 지표하의 통기대를 통한 물의 통과율과 같아지게 되고 통기대 내의 흙의 공극율(porosity)이 중요한 매개변수가 될 것이다.

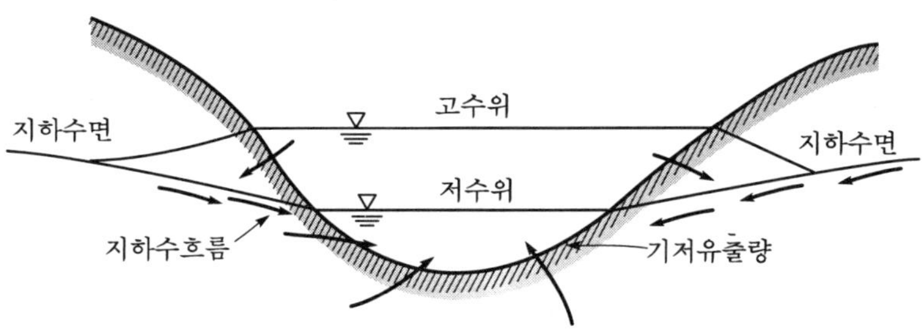

그림 6.3 지하수가 유출되는 하천단면

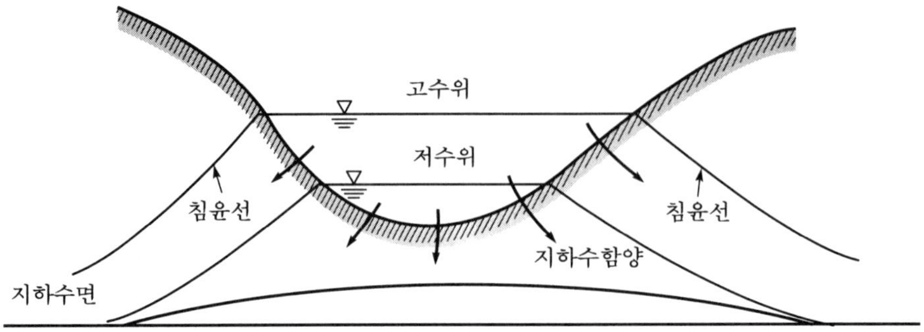

그림 6.4 지하수로 유입되는 하천단면

(5) 강우의 끝 단계

강우가 끝나고 다음 강우가 시작될 때까지의 기간이다. 하천수 및 지표면의 저류수는 점차 감소하게 되고 증발산량은 증가되고 침투도 계속된다. 통기대 층의 수분은 지하수면으로 또는 하천수에 도달되며 하천수는 지속적인 유출로 점차 감소한다.

이와 같이 단계별 현황을 알아보는 이외에도 강수와 유출량간의 양적인 관계를 알아보기 위해서 비교적 건조상태의 유역에 일정한 강우강도의 호우가 지속될 때 [그림 6.2]와 같은 유출의 구성인자가 시간적으로 어떻게 변하는가를 표현한 것이 [그림 6.5]와 같다.

[그림 6.5]는 강우강도가 일정한 경우일 뿐이며 실제로는 강우강도가 시간적으로 변화하므로 유출의 구성인자들의 크기도 지속적으로 변화할 것이다.

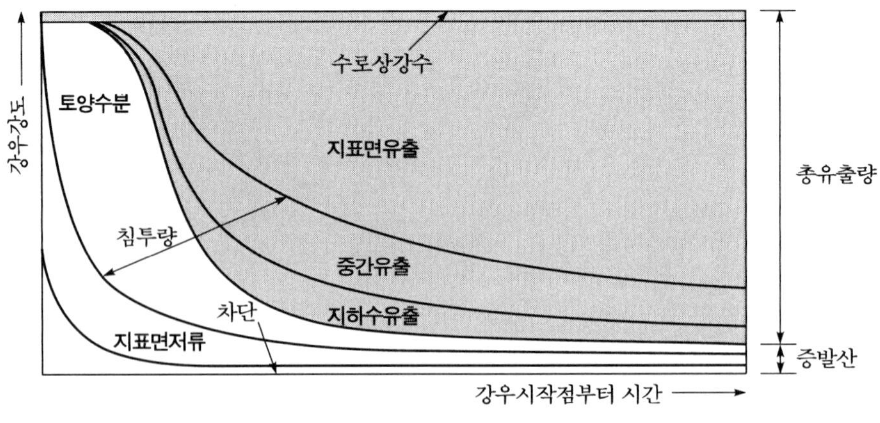

그림 6.5 일정한 강우강도로부터 유출

6.3 유출에 영향을 주는 인자

유출은 그 유역의 지상학적인 인자(physiographic factor)와 기후학적인 인자(climatic factor)의 영향을 받는다. 지상학적인자는 유역특성(basin characteristics)과 수로의 특성(channel characteristics)으로 나눌 수 있다. 이와 같이 유출에 영향을 주는 인자들의 특성을 정리하면 다음과 같다.

(1) 유역특성

유역의 크기, 형상, 경사, 고도, 지형학(Topograpy), 지질학(Geology)에서 토양의 형태, 토지이용 및 식생, 방향(orientation), 배수망의 형태, 바다와의 인접성, 산맥의 유무 등

(2) 저류 또는 수로특성

침하, 웅덩이와 호수, 하천, 수로, 댐, 상류저수지, 홍수터, 늪, 대수층(침투 퇴적층)에서 지하수 저류 등

(3) 호우특성

계절, 호우형태 및 성질, 강우강도, 지속기간, 면적범위(분포), 빈도, 선행강우, 호우의 이동방향 등

(4) 기상학적 특성

온도, 습도, 풍속, 기압 변화 등

6.3.1 유역특성

유역(basin or watershed)이란 하천 등의 임의 단면을 지나는 유량에 직접적인 영향을 주는 지역의 한계를 말한다. 그러므로 임의 하천상에 특정지점에서는 그 지점만의 고유한 유역을 가지며 유역의 크기는 하류로 내려갈수록 커진다.

(1) 유역면적

유역면적 또는 배수면적(drainage area)은 유역의 한계선으로 둘러싸인 면적을 말하고 일반적인 유역의 한계선은 [그림 6.6]과 같이 지형적인 수계의 분리선이 유역의 한계선이 되는데 지도상에는 등고선을 보고 가장 높은 지형을 연결하여 구하는 것이 일반적이다.

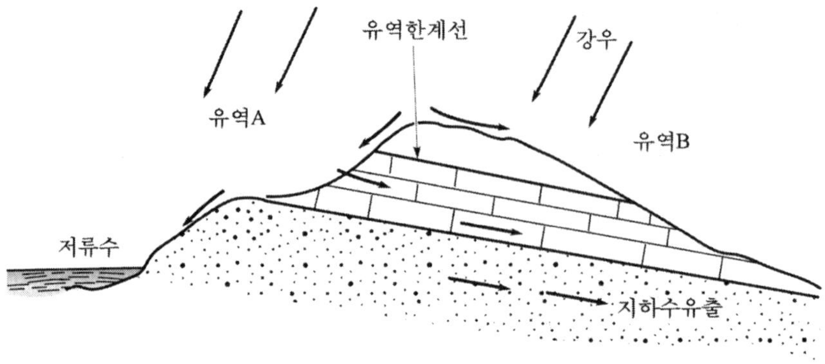

그림 6.6 지형에 의한 유역의 한계선

[그림 6.6]에서 지형상 유역의 한계선은 지질구조에 따라 변화되므로 실제로 유역의 한계선을 분리하기란 쉽지 않다. 즉 A유역과 B유역은 지표면유출의 경우 분리가 가능하지만 지하로 스며든 지하수를 A유역으로부터 B유역으로 유출될 것이므로 사실상 분리가 힘들다는 것이다.

유출량과 유역면적과의 관계는 비유량(specific discharge) 즉, 유역의 단위면적당 유량($m^3/sec/km^2$)으로 표현될 수 있으며, 다른 조건이 동일할 경우 단위면적당 첨두유량(peak runoff)은 유역면적이 증가할수록 감소하는 경향을 보인다. 이는 유역면적이 커질수록 우수가 유역의 시작지점부터 유역의 출구지점까지 흐르는데 소용되는 시간인 도달시간(time of concentration)이 길어지고 유역의 평균적인 강우강도가 작아지기 때문이다. 이와 같은 사실은 제10장의 합리식의 적용 실무사례에서 실제 적용 예를 볼 수 있다.

(2) 유역경사

유역의 지표면 경사가 급할수록 지표면의 유출속도는 빨라지고 또한 도달시간이 빨라지며 첨두유량도 크게 된다. 더구나 경사가 급할수록 경사면의 식생밀도가 조밀하게 되고 토양은 침식이 잘되므로 침투능이 감소되어 지표면 유출을 크게 한다.

(3) 유역방향

유역이 어떤 방향으로 이루어져 있는가에 따라 유역의 유출은 그 유역의 기상에 의해 영향을 받는다. 즉 풍향 및 호우전선의 이동방향이 계절적인 변화를 가지고 있을 때 유역의 방향성(basin orientation)에 의해 유출이 영향을 받는다.

(4) 유역형상

유역형상에 의한 유출은 여러 가정하에 그 영향을 해석할 수 있다. 유역형상은 [그림 6.7]과 같이 깃털형(A)과 부채형(B) 및 두 형상의 중간형(C)으로 나타낼 수 있다. 이러한 유역형상에서의 가정은 다음과 같다.

① 유역은 동일한 면적을 가진다.
② 유역의 강우강도가 동일하며, 최소한 일정시간까지 지속된다.
③ 유수의 유속은 일정하다.

이와 같은 가정 하에 유역의 출구지점에서 유량의 시간적 변화를 측정하여 유출에 미치는 유역형상을 설명할 수 있다.

[그림 6.7]에서 각 유역을 동일한 간격의 동심원으로 구분하면 A, B, C유역의 도달시간은 약 10, 5, 8.5시간을 보일 것이며, 강우가 전유역상에 적어도 10시간을 지속된다고 가정한다. [그림 6.8]은 [그림 6.7]과 같은 경우에 발생되는 유량의 시간적 변화를 나타낸 것이다. [그림 6.7]과 [그림 6.8]을 비교·검토해 보면, 유역 B의 도달시간은 유역 A나 유역 C보다 짧으므로 가장 빨리 첨두유량에 도달하며, 강우가 끝나면 가장 빨리 유수가 감소한다. 강우가 유역의 한 지점에서 다른 지점으로 이동시 즉, 강우전선의 이동시 유역 형상의 유출에 대한 영향은 더욱 커지게 된다. 유역 A, B, C의 경우 상류 또는 하류 방향으로 강우전선이 이동시에 깃털형(A)유역은 그 영향이 가장 크다.

(5) 유역의 고도

유역의 기후에 따라 다르나 일반적으로 강수량은 유역의 고도에 따라 증가한다. 그러나 어느 정도 이상의 높은 고도에서는 기온이 낮고 만년설과 같이 눈이나 얼음의 형태로 수분이 존재하므로 증발산율이 저하된다. 증발산율이 저하되면 강수가 적어지게 되므로 일반적인 고도의 영향을 위해서는 여러 경우의 고도와 유출량 관계를 통계학적으로 해석하여야 한다.

(6) 수계의 구성

유역에 존재하는 수계의 구성(stream pattern) 또한 유출에 영향을 준다. 홍수시 신속한 유하가 되는 수계가 있는 반면 저류면이나 늪지대 등이 많은 유역에서는 배수가 지체된다.

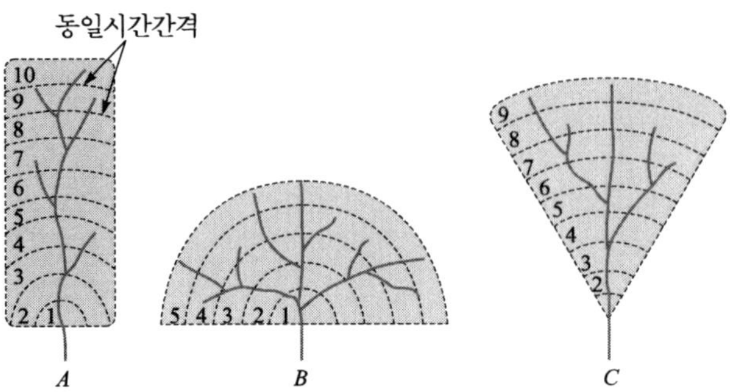

그림 6.7 유역형상

(7) 수로특성

유역의 수로특성은 유수를 유출시키는 하천수로의 단면크기, 모양, 경사, 조도, 하천연장 등의 통수능(carrying capacity)과 배수효과(backwater effect)에 의한 저류량을 지배하는 인자를 말한다. 일반적으로 유역의 지형 및 지질에 의하여 수로특성이 결정된다.

(8) 기타

기타 유출에 영향을 주는 요인으로는 유역 내의 대규모 저수지, 댐, 호수, 홍수터(flood plain), 늪지대, 토지이용현황, 식생정도, 침투능 등이 있다.

6.3.2 기후 특성

(1) 강수

유출에 가장 큰 영향을 주는 요인으로 강수의 종류, 강우강도, 지속기간, 강수의 시간적 및 공간적 분포, 재현기간, 강수전선의 이동방향 등이 있다.

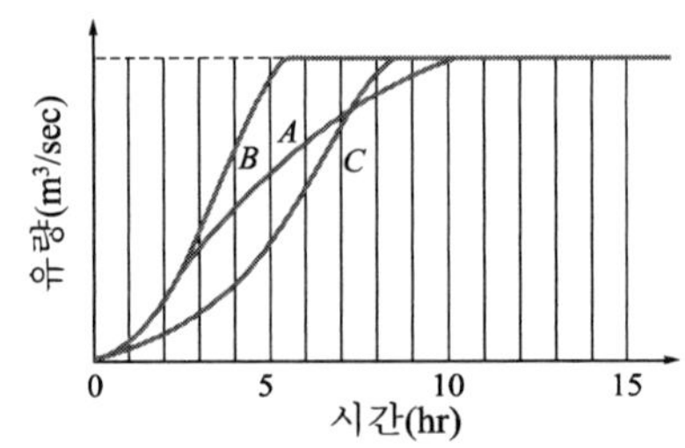

그림 6.8 유역형상과 유출

(2) 증발산

유역내의 증발은 기온, 상대습도, 바람, 대기압 등의 기후에 따라 변화하며 증산은 기온, 바람, 태양복사열, 상대습도 등의 기후에 따라 변화한다. 일반적으로 증발산은 유출을 감소시키는 역할을 한다.

(3) 차단

지표상에 떨어진 강우가 식생피복에 의해 어느 정도의 시간 동안 저류되는 차단은 강우가 끝나면 식물의 잎 등에 저류되었던 물이 증발하게 된다. 결국 차단은 유역내 식물의 종류나 밀도 등에 의하며 이는 유역의 기후에 따라 다르다. 차단 역시 일반적으로 유출을 감소시키는 역할을 한다.

6.4 유출의 해석

강우에 의한 하천수 등은 모두 연속방정식 및 운동량방정식의 지배를 받으나 실제 유역은 매우 복잡하므로 이러한 방법은 근사적인 결과를 준다. 좀 더 정확한 해석에는 동수역학적 개념을 적용시켜야 한다.

6.4.1 지표면 유출

지표면유출에 있어서의 변수는 정확하게 정의하기가 어려우므로 지표면유출을 정의하기 위해 간단한 수리학적 특성을 이용하나 그의 특성화에는 많은 어려움이 따른다. 강우에 의해 공급되는 지표면 유출은 침투 등 공간적으로 변하는 부정류로서 시간이나 지역에 따라 일정하지 않다. 또한 흐름은 층류, 난류 또는 두 상태의 복합형태로 흐른다. 흐름깊이는 한계깊이 이상 또는 그 이하로서 상류 또는 사류로 흐르며, 얕은 수심으로 흐르는 물에 떨어지는 강우는 지표면 유출문제를 더욱 복잡하게 한다. 평평한 지표면 위나 포장된 주차장 또는 실험실용 수로에서 얕은 수심의 흐름이 횡방향이나 사면 방향으로 흐르는 경우 수심의 변화는 적다. 작은 사면에 있어서도 사면류의 흐름이 계속되는 동안에는 지표면이 소실되는 것을 유출수가 채워줌으로써 평평한 지표면의 효과를 나타낸다.
그러나 자연적인 사면에서 발생하는 형태학적 불규칙성은 흐름의 변화를 일으키게 된다. 지표면 유출에 있어서 유체의 흐트러짐 정도를 나타내는 레이놀즈(Reynold)수는 층류로 간주된 지역에서는 일정한 값을 유지한다. 그러나 실제의 흐름은 떨어지는 강우에 의해 교란과 지형학적 불규칙성 때문에 실제로 층류는 아니며 토사가 이동하게 된다. 지표면 유출의 수리학적 특성은 강우, 강우 지속기간, 침투능에 영향을 주는 토양의 구조나 형, 선행 토양의 습윤상태, 식물의 종류나 밀도, 지표면 소실 등과 같은 형태학적 특성과 지표면 경사 및 길이 등의 많은 지배인자들에 의해 시간적으로나 공간적으로 급격히 변하므로 자연사면에서의 지표면 유출에 대한 수리학적 특성을 간략하게 표현할 수 있는 방법은 없다고 간주해야 한다. 관측에 의해 지표면 유출의 수리학적 특성이나 수리학적 유출인자의 일반화를 위해서는 지표면 유출에 대한 정밀한 관측이 필요하며, 지표면 유출의 보다 개선된 관측 방법이 가능하게 됨으로써, 최근 수 십년 동안 지표면 유출의 수학적 모형화가 시도되었다. 현재로서 지표면 유출의 이론적 또는 해석적 방법은 아직 미흡하여 계속 연구가 진행 중이다.

지표면 유출량의 산정은 Horton(1930)에 의해 정립되었으며, 침투능과 지표면저류 등 유역과 수로의 세굴발달에 대한 해석이 가능한 Horton법칙(1945)을 발표하였다. Horton은 지표면 유출의 평균길이를 측정하는 방법으로 다음과 같은 식을 제안하였다.

$$L_0 = \frac{1}{2} D_0$$

여기서 L_0 : 지표면 유출의 평균길이

D_0 : 하천밀도(drainage density) $= \frac{\sum L_s}{A}$

L_s : 유역내 각 하천의 길이

A : 유역면적

정류흐름 상태에 대한 지표면 유출의 깊이는 수로에서의 흐름공식을 사용함으로써 추정할 수 있는데 난류흐름에 대해서 흐름깊이는 연속방정식을 이용하면 다음 식과 같이 표현된다.

$$q = D \cdot V$$

평균유속은 Manning공식 $V = \frac{1}{n} R^{2/3} I^{1/2}$을 사용한다.

여기서 q : 단위폭당유량(m3/sec/m)
D : 평균깊이(m)
V : 평균속도(m/sec)
R : 동수반경(m)
I : 지표면 경사

또 지표면 유출의 단면은 매우 넓고 얕기 때문에 깊이는 수리평균심과 동일하게 취급할 수 있으므로 단위유량은 다음과 같다.

$$q = \frac{1}{n} I^{1/2} D^{1.67}$$

경사가 주어졌을 경우 유량은 조도와 평균수심만의 함수로 표현된다.

$$q = k D^{1.67}$$

$$D = \left(\frac{q}{k}\right)^{0.6}$$

층류흐름에 대해서는 흐름깊이를 추정하기 위해 아래식과 같이 Poiseuille공식의 형을 사용하는 것이 일반적이다.

$$q = \frac{g I D^3}{3\nu}$$

여기서 v = 동점성계수(m^2/sec)

특정한 사면에 대해서는 다음과 같다.

$$q = k D^3$$

$$D = \left(\frac{q}{k}\right)^{0.33}$$

따라서 층류와 난류흐름을 결합하여 일반식으로 표현하면 아래식과 같다.

$$q = k D^m$$

$$R_e = \frac{4VD}{\nu}$$

6.4.2 중간유출

사막지역이나 산의 정상 부분 등을 제외하면 대부분의 지표면은 토양층으로 구성되어 있다. 토양 위로 강수가 내리게 되면 지표면을 통해서 침투하거나 지표면 유출로서 흐르게 된다. 토양을 통해서 침투한 물은 여러 경로를 따라 흐르게 되는데 [그림 6.9]에 이에 대한 내용을 표현하였다. 만약에 강우가 적게 내리면 우수는 단순히 토양에 남게 되며 시간이 흐르면 증발산으로 손실된다. 그러나 강우강도가 커서 비가 많이 내리면 많은 양의 물이 토양의 공극을 통해 흐르게 되어 토양의 습윤상태는 증가하게 되고 침루현상이 일어나게 된다. 토양 수분의 이러한 이동은 토양층을 구성하고 있는 흙, 자갈 등 토립자의 공극을 통해 이루어지는 것으로서 대부분의 공극들은 관을 형성하며 그 크기는 1~2 cm정도에서 수 m에 이르는 것도 있다. 일반적으로 공극이 커서 관흐름(pipe flow)으로 취급하는 경우에는 난류, 공극이 작아서 극미관흐름(matrix flow)으로 취급하는 경우에는 층류흐름으로 간주한다.

유출에서 중간유출의 역할을 알아보기 위해서 소유역 및 전체유역의 수문학적 모형을 이용한다. 전체유역에 대한 모형에 있어서 유역의 지표면유출을 나타내는 첨두유량에 대한 수문곡선은 침투능을 초과하는 강우와 관계되며 수문곡선은 다음 절에서 설명된다. 현장관측은 관측을 실시하는 유역내 일부분에 대해서만 정의가 가능하며, 첨두홍수량은 주변의 조건에 따라 중간유출에 의해서만 발생될 수도 있고 하천의 저부유출은 중간유출에 의해서 공급된다. 유역 내에서 강우에 의해 발생하는 중간유출은 실제 측정이나 경험공식 등에 의해 산정할 수 있으나 이는 각 유역의 특성에 따라 크게 다르며 소유역의 단일 관측점에 있어서도 시간에 따라 변화하기 때문에 그 양을 산정하기 힘들다. 이와 같이 흐름에 대한 변화요인이 다양하기 때문에 중간유출이 첨두홍수량을 일으킬 수 있을 정도로 흐름이 충분히 빠르다라고 단정지을 수 없으며 관측되는 저수유출에 대해 연속적인 공급원이라고도 단정지어서 말할 수 없다. 중간유출의 분포를 결정지어주는 원인으로서 토양층의 두께, 길이, 종류 등이 있으며 토양내에서 수리학적 세굴이 발생하여 공극이나 균열을 크게 하기도 하며, 동물의 통로, 균열, 식물의 뿌리 조직 등이 유로를 형성하는 주요한 원인이 된다.

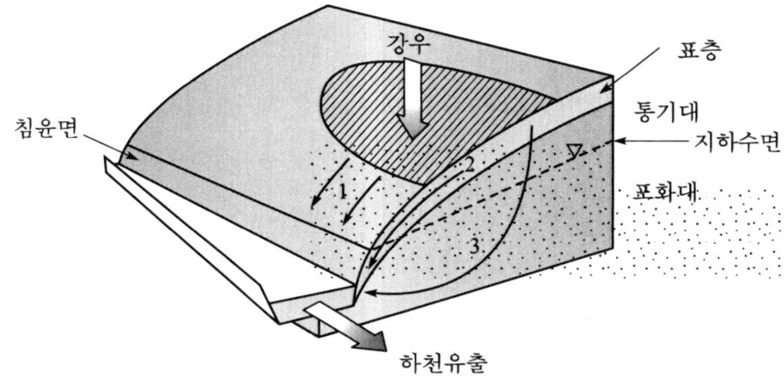

그림 6.9 소유역에서 하천으로 유입되는 강우

토양 공극내의 흐름은 대부분 레이놀즈수가 매우 작은 층류이며 Darcy법칙을 따른다. 투수계수는 토양의 습윤상태에 따라 변하며 공극이 클수록 흐름이 충만하게 되고 흐름의 대부분이 가장 큰 공극을 통해서 흐르게 된다. 따라서 공극이 큰 토양이 포화되었거나 포화에 가까워질때는 많은 양의 물을 빨리 이동시키며, 반면에 미세입자의 토양일수록 공극이 작아 이동시키는 양이 적다. 건조한 조건하에서는 큰 입자의 공극사이를 채워주고 있는 미세입자들이 습윤상태로 존재하고 있어서 미세입자의 수분이 흐름을 유지시키게 된다.

한편 강우가 내리기 시작하면 많은 양의 물이 토양 속으로 스며들게 되고 토양의 아래 방향으로 침투를 일으켜 토양의 습윤상태를 증가시킨다. 만약에 강우강도가 토양의 침투능을 넘지 않는다면 침투한 물은 결코 토양을 포화시키지 못하며 횡방향흐름을 형성시키지 않는다. 그러나 균열이나 식물 뿌리조직에 의한 구멍, 동물의 통로 등에 의해 부분적으로 포화상태에서 흐름을 형성한다.

비교적 오랜 기간 동안 강우가 지속되면 불투수층 상부의 투수층토양이 포화되어 포화된 중간유출층을 형성하며, 중간유출층을 통해 흐르는 유량이 일정하게 된다. 이 유량은 유역사면 길이에 비례하여 흐름방향으로 증가하며, 사면경사나 투수토양층의 변화가 없는 경우 중간유출내의 수심의 깊이도 흐름방향으로 증가하게 되어 이 효과가 점차 상류방향으로 전달된다. 만약 이와 같은 과정이 오랜 기간 동안 계속되면 포화층 지표면까지 수위가 증가하게 되어 선행된 중간유출의 지표면 침윤이 일어나게 되며 강우가 더 이상 침투하지 못하는 관계로 포화지표면 유출로서 직접 강우유출을 발생시킨다.

6.4.3 사면을 따르는 유출

유역은 많은 사면과 하천수로로서 구성되어 있으며 유역내의 사면에 내린 강우는 사면류를 형성하고, 하천수로는 사면에서 유입한 횡방향 흐름을 유역의 출구지점까지 도달시키는 역할을 한다. 여기에서 사면류란 지표면유출, 지표하유출 그리고 지하수유출을 포함한다.

소유역에서는 하천수로의 흐름효과가 사면에 비해 아주 작거나 무시할 수 있으므로 사면류가 유역 전체의 주된 흐름을 구성하나 대유역으로 될수록 하천수로의 효과에 비해 사면류의 효과가 감소하게 되어 하천 수계망을 구성하고 있는 하도내의 흐름이 주된 흐름이 된다. 사면에서의 유출특성은 토양, 식생, 경사 등 유역내의 공간특성에 따라 변화하므로 사면류로서 흐름을 해석하기 위해서는 각각의 사면에 대한 길이, 경사 등의 공간특성과 유출변환 특성으로서 유역전체의 대표적인 흐름특성을 구성하게 된다. 이러한 사면내의 공간적 특성효과는 도달시간으로 나타나므로 강우-유출해석에의 변수로 이용하게 된다.

사면을 따르는 흐름의 기본이론으로서 사면 중 지표면이 불투수층인 경우 대부분의 강우는 지표면 유출을 형성하게 되나 토양이 투수성이 높은 재질로 구성되어 있거나 구릉산지 지형에서 표층이 낙엽 등 식생에 의해 피복되어 있는 경우 강우의 침투효과는 크다. 이와 같은 경우 사면의 흐름은 포화침투흐름이 주된 흐름이 된다.

일반적으로 사면에서의 유출모형은 [그림 6.10]과 같이 구성될 수 있다. 표면유출은 침투능 이상의 강우가 있을 때 발생하며 (1)층의 표면유출과 (1), (2)층의 침투흐름이 직접유출로서 홍수유출 수문곡선을, (3), (4)층의 침투흐름은 지하수를 형성하여 갈수기의 하천유량에 물의 공급원이 된다.

예를 들어 흐름을 사면의 흐름이 포화침투흐름으로서 Darcy법칙을 따른다고 가정하면 1차원 부정류의 연속방정식을 이용해서 해석할 수 있으며 그 식은 다음과 같다.

$$\frac{\partial(\lambda h)}{\partial t} + \frac{\partial q}{\partial x} = I_e$$

$$I_e = (I - f)\cos\alpha$$

여기서 λ : 공극률
h : 흐름의 깊이
t : 시간
I_e : 유효강우강도
I : 강우강도
f : 침투능
α : 사면의 각도

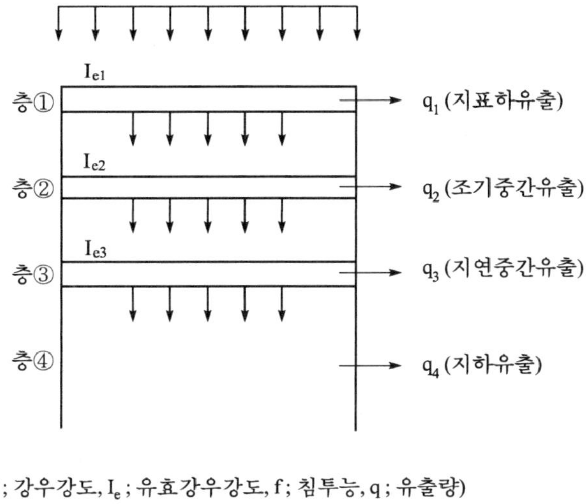

그림 6.10 사면에서의 유출 (I ; 강우강도, Ie ; 유효강우강도, f ; 침투능, q ; 유출량)

6.5 수문곡선의 구성

6.5.1 하천유량 수문곡선의 구성

유출의 구성에서와 같이 하천유량을 구성하는 물은 강수의 형태로 지상에 떨어진 후 여러 경로를 통하여 서로 다른 시간적 특성을 가지며 결국 하천에 도달하게 된다. 지표면유출, 지표하유출 및 지하수유출과 같은 3개의 유출성분을 하천유로상 임의의 한 지점에서 수문량의 시간적 변화로 나타내는 곡선을 수문곡선(hydrograph)이라 한다. 수문곡선은 우량주상도와 함께 단기적인 호우와 홍수유출간의 관계를 해석하는데 필수적인 자료가 되는데 홍수와 연관된 수문곡선의 기법을 정리해 보면 다음과 같다.

① 실측된 총 하천유량을 구성성분별로 분리하여 직접유출과 기저유출로 나눈다.
② 유출의 원인이 되는 총우량을 유효우량과 손실우량으로 나누어 유효우량은 직접유출과 손실우량은 기저유출과 연관하여 해석한다.

[그림 6.11]에는 하나의 독립적인 호우사상으로 인한 하천의 임의 지점 단면에서 하천유량의 시간적 분포를 나타내는 수문곡선의 구성성분을 표현하였다.

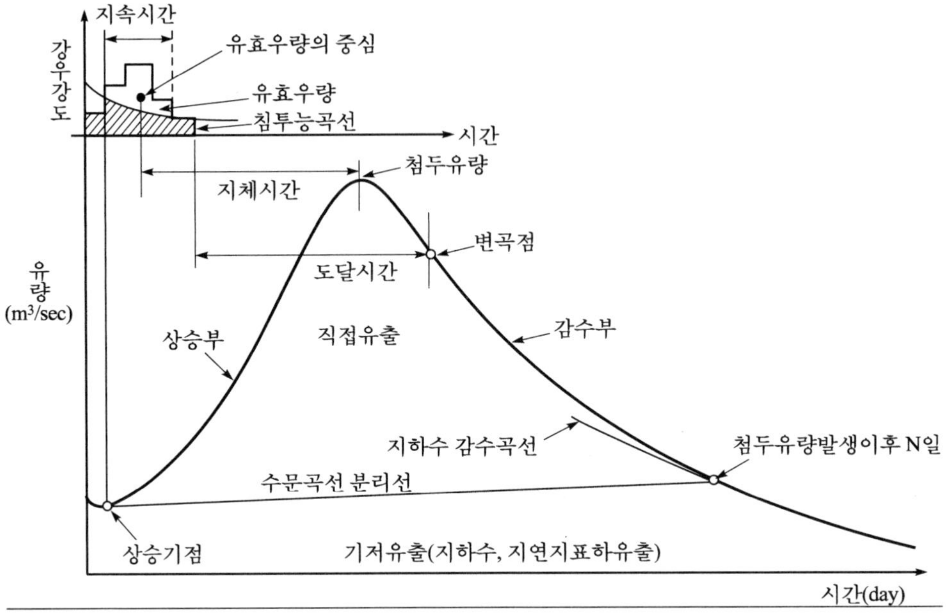

그림 6.11 하천유량 수문곡선의 구성

수문곡선의 구성성분에서 먼저 강우강도와 시간으로 표현된 우량주상도를 고려해야하며, 강우가 시작되면서 차단, 침투 등에 의한 강우초기의 손실이 있다. 손실율은 점차 감소하게 되고 손실율이 강우강도보다 작아지면 지표면 유출의 발생으로 수로를 통하여 흐른다. 강우가 지속되는 동안 손실 또한 지속되나 손실율은 점차 감소하므로 [그림 6.11]의 우량주상도는 점선과 같은 손실곡선으로 유효우량과 손실우량으로 나뉜다. 다음으로 유량과 시간의 관계로 표현된 수문곡선을 고려하면, 강우가 시작되기 이전에는 지하수에 의한 기저유출만이 하천유량에 기여하다가 강우초기의 손실이 어느 정도 만족되면 직접유출은 상승부(rising limb)를 나타내며 계속 증가 후에는 첨두유량(peak flow)에 도달한다. 지체시간(lag time)이란 우량주상도에서 유효우량의 중심점으로부터 첨두유량이 발생하는 시간까지의 시간차이를 말한다. 첨두유량 발생 후에는 다음의 호우발생시까지 하강부(falling limb) 또는 감수부(recession curve)를 보이며 점차 감소한다. 이 기간에 침투 및 침루는 계속되어 지하수위가 상승하고 시간이 지남에 따라 지하수 감수곡선(groundwater depletion curve)을 따라 감소한다. [그림 6.11]에서 상승부의 모양은 일반적으로 강우특성에 따라 달라지며, 감수부의 변곡점(inflection point)은 하천으로 유입되는 지표면유출이 끝나는 시간을 의미한다. 감수곡선은 유역내의 저류수가 하천으로 유입되는 것으로 간주되며 감수곡선의 모양은 상승곡선과는 달리 강우특성과 무관하고 지하의 토양층 또는 대수층의 특성에 따라 달라진다. 일반적으로 동일한 유역의 여러 감수곡선들은 거의 유사하며 시간이 지남에 따른 관계식은 다음과 같은 지수형으로 표현된다.

$$Q_t = Q_0 K_r^t = Q_0 e^{-\alpha t}$$

여기서 Q_0 : 감수곡선상에서 임의 시각에서의 유량
Q_t : Q_0보다 t 시간 이후의 유량
K_r : 감소상수(resession constant)
α : 대수층 및 토양의 특성을 나타내는 상수

상기의 식에서 상수 α는 다음과 같은 관계를 나타낸다.

$$\alpha = -\ln K_r$$

상기의 식에서 K_r의 값은 1보다 작으며, 시간 t의 단위에 따라 달라진다. 지수형식을 적분하면 미소시간 dt동안 유출된 유량이 $Q \times dt$가 되고 이 값은 dt시간동안 유역내 저류량의 감소량인 $-dS$와 같으므로 임의의 시각 t에 유역 내에 남는 저류량 S_t는 다음과 같이 표현될 수 있다.

$$S_t = -\frac{Q_t}{\ln K_r} = \frac{Q_t}{\alpha}$$

상기의 식으로부터 임의의 시각에서 유량은 다음과 같다.

$$\frac{Q_0}{Q_t} = \frac{S_0}{S_t}$$

상기의 식의 양변에 상용대수를 취하면 반대수지에 시간과 유량관계가 직선으로 표현되는 다음과 같은 식으로 된다.

$$\log Q_t = \log Q_0 + t \log K_r = \log Q_{10} - 2.3 \alpha t$$

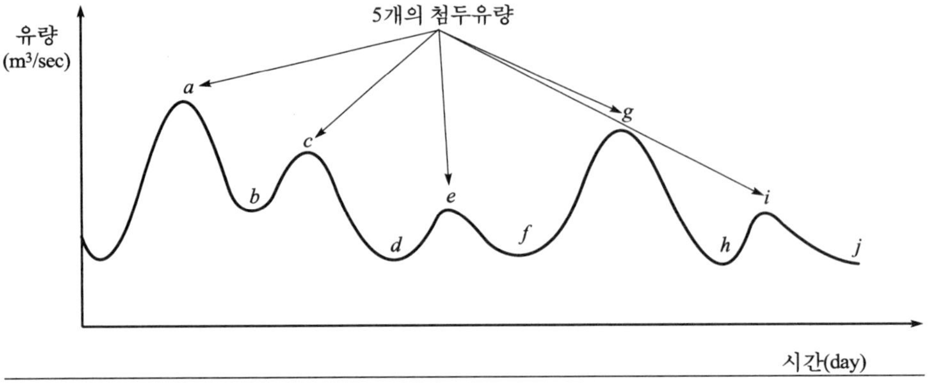

그림 6.12 유량 수문곡선

만약 수십년간에 걸쳐 측정된 유량값이 존재한다면 [그림 6.12]와 같이 유량-시간에 대한 수문곡선을 얻을 수 있다. [그림 6.12]에서의 각 감수곡선 ab, cd, ef 등을 [그림 6.13]과 같은 반대수방안지상에 작도하면 기울기가 동일한 직선의 감수곡선(master delpetion curve)을 얻을 수 있다. 이를 다시 [그림 6.14]와 같은 등눈금 방안지상에 작도하면 지수곡선의 감수곡선이 얻어진다. 이는 6장 6절에 수문곡선의 분리 중 지하수 감수곡선법에 해당한다.

[그림 6.11]의 수문곡선은 하나의 호우사상에 의한 수문곡선을 나타내는데, 실제로는 호우기간 중에 이러한 호우사상이 여러 번 나타나는 경우가 많다. 이러한 경우의 수문곡선을 복합수문곡선이라 하며 [그림 6.15]에 표현되었다.

6.5.2 호우특성과 토양수분에 따른 수문곡선의 구성

갈수기 또는 건기의 하천은 시간이 지남에 따라 유량이 점차 감소하는 수문곡선을 보이며 이는 [그림 6.16]과 같은 모습을 나타낸다. 이러한 하천의 배수유역에 호우가 발생하면 점차 감소하던 수문곡선의 모양은 여러 조건에 따라 변하게 되는데, 이러한 조건에는 다음과 같은 것이 있다.

① 강우강도 ② 침투율
③ 침투된 수량 ④ 토양수분정도 또는 미흡량
⑤ 강우지속기간 ⑥ 기타 호우 및 유역의 특성

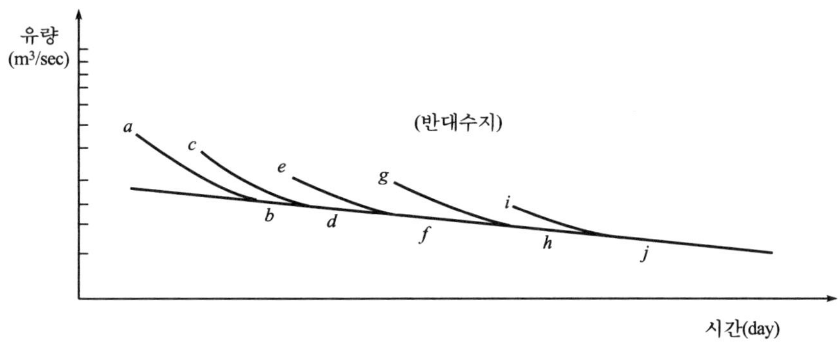

그림 6.13 반대수지상에서 감수곡선

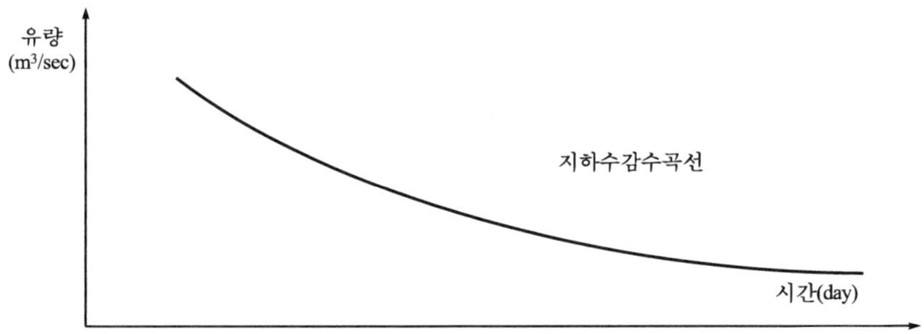

그림 6.14 등눈금 방안지상에서 감수곡선

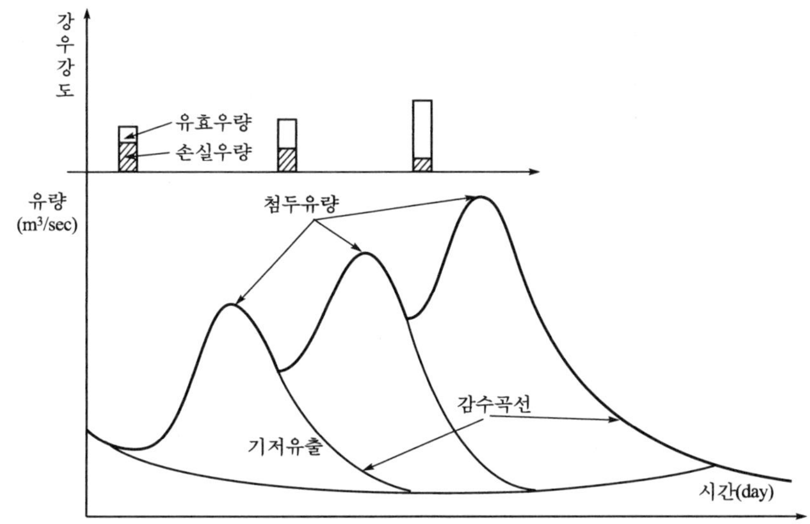

그림 6.15 복합수문곡선

이와 같은 여러 조건 중에 [그림 6.16]의 (a)와 같은 유출의 구성인자 즉, 지표면유출, 중간유출, 지하수유출 및 수로상 강수에 큰 영향을 주는 조건은 강우강도(I), 침투율(fi), 침투된 수량(Fi), 토양수분 미흡량(Md)이며 여기서 토양수분 미흡량이란 토양이 수분을 포화시키는데 필요한 물의 양과 토양이 함유하고 있는 실제수분량의 차이를 말한다. 이들 조건이 유출에 미치는 영향을 정리하면 다음과 같다.

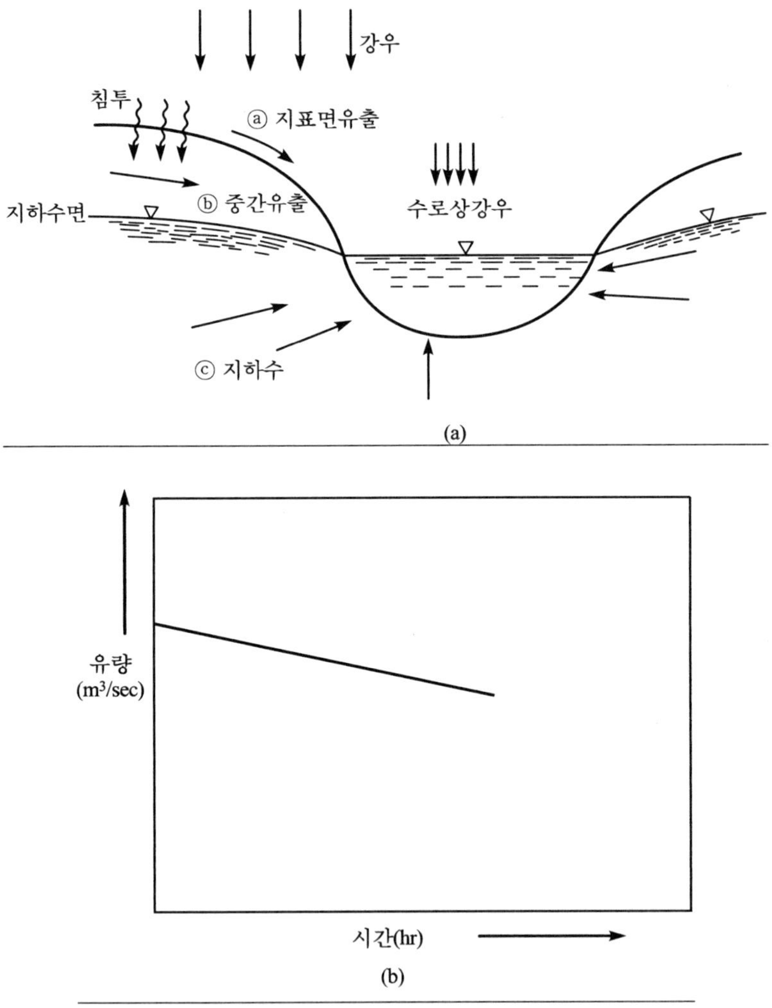

그림 6.16 갈수기의 하천(a) 및 수문곡선형(b)

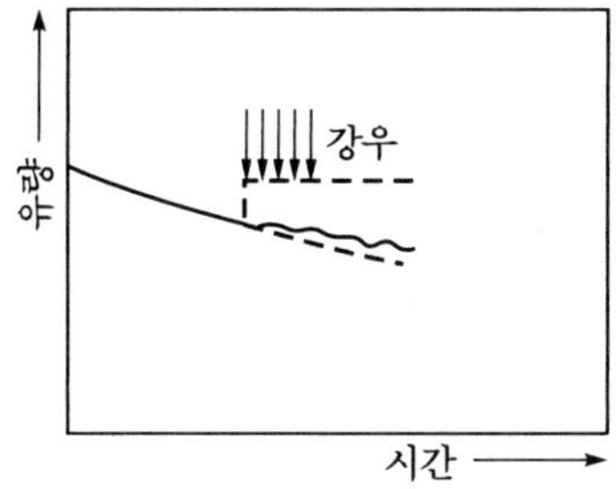

그림 6.17 I 〈 fi, Fi 〈 Md인 경우의 수문곡선

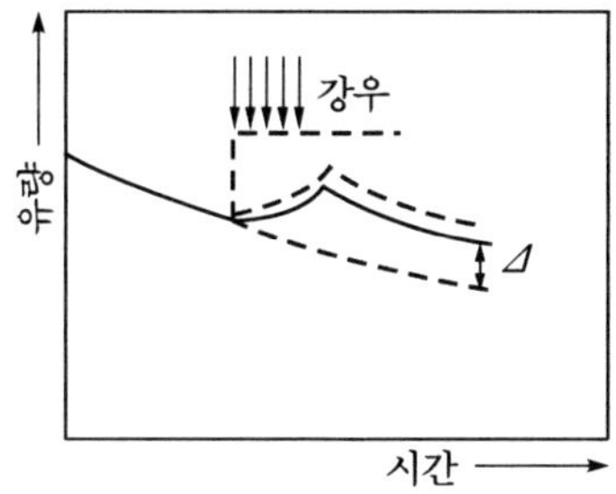

그림 6.18 I 〈 fi, Fi 〉 Md인 경우의 수문곡선

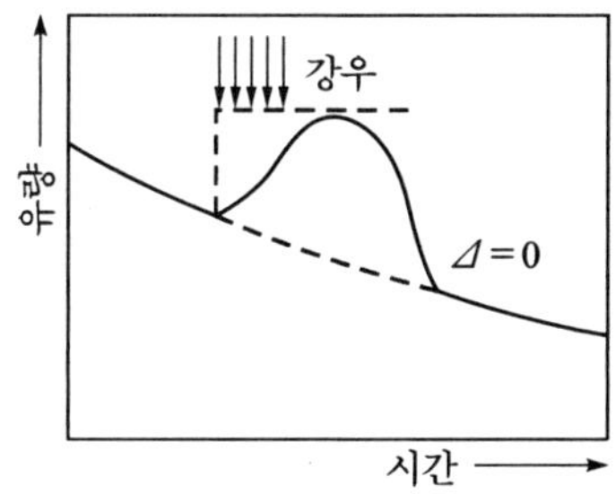

그림 6.19 I 〉 fi, Fi 〈 Md인 경우의 수문곡선

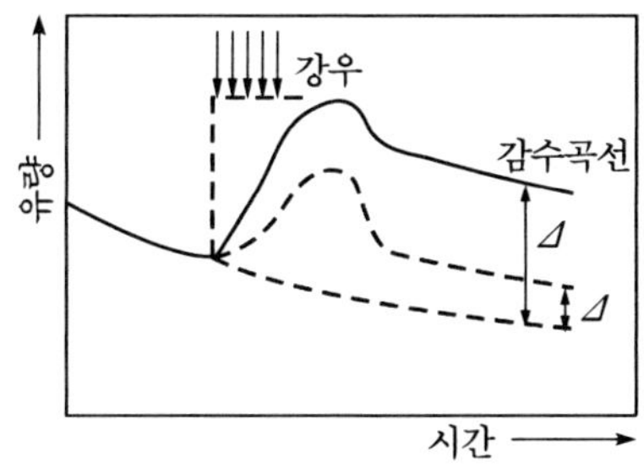

그림 6.20 I 〉 fi, Fi 〉 Md인 경우의 수문곡선

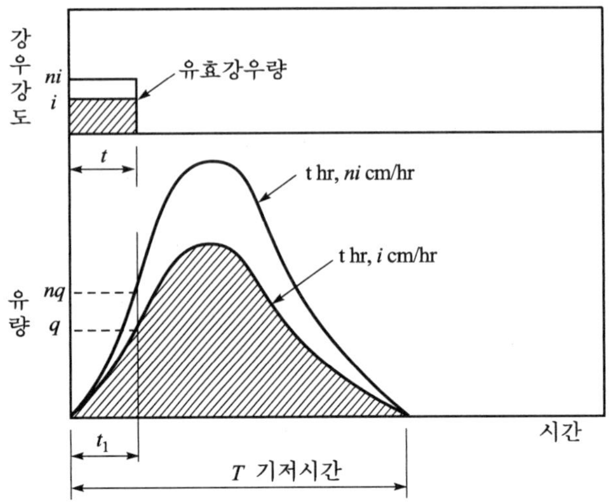

그림 6.21 수문곡선의 일정기저시간과 비례가정

(1) I 〈 fi, Fi 〈 Md인 경우

호우로 인한 중간유출이나 지하수유출이 하천의 유량을 증가시키려면 침투수량이 토양수분 미흡량보다 커야 한다. 지표면유출은 강우강도가 침투율보다 클 경우에 발생되므로 이 경우에는 하천의 유량을 증가시키는 요인이 수로상의 강수이다. 이와 같은 상황의 수문곡선은 [그림 6.17]과 같으며 시간에 따라 하천의 유량은 점차 증가한다.

(2) I 〈 fi, Fi Md인 경우

호우로 인한 토양의 수분이 포화상태에 이르러 중간유출 및 자하수유출이 시작된다. 또한 수로상 강수가 합해져서 수문곡선은 [그림 6.18]과 같다.

[그림 6.18]에서 Δ부분은 Fi 〉 Md로 인하여 발생한 것이다.

(3) I 〉 fi, Fi 〈 Md인 경우

지표면 유출과 수로상 강수로 하천의 유량이 증가되는 경우이고 호우로 인한 지하수위의 상승은 없다. 이 경우의 수문곡선은 [그림 6.19]와 같고 지하수위의 상승(Δ=0)이 없음을 나타낸다.

(4) I 〉 fi, Fi 〉 Md인 경우

이와 같은 경우는 대체로 대규모의 호우기간에 발생한다. 하천의 유량은 지표면유출, 중간유출, 지하수유출 및 수로상 강수 모두에 의하여 증가하게 되며, 이 경우의 수문곡선은 [그림

6.20]과 같다.
이 경우에는 [그림 6.4]에서 설명되었던 하천의 수위가 지하수위보다 높아져서 하천유량의 일부가 지하수로 유입되는 모습을 보여준다.

6.6 단위유량도

단위유량도 이론은 1932년 Sherman에 의하여 처음 제안되었으며 처음에는 단위도(unit graph)라고 부르다가 후에 단위유량도(unit hydrograph)로 되었다. 단위유량도는 어느 한 유역에서 특정단위시간동안 균일한 강도로 유역전반에 걸쳐 균등하게 내리는 단위유효우량(unit effective rainfall)으로 인하여 발생하는 직접유출수문곡선(Direct Runoff Hydrograph, DRH)이라고 정의할 수 있다. 여기서 특정단위시간은 강우의 지속기간이 일정함을 말하며 균일한 강도로 유역전반에 걸쳐 균등하게 내리는 것은 강우지속기간동안 강우강도가 시간적, 공간적으로 일정함을 말한다. 이와 같이 단위유량도 개념에는 여러 가정이 내포되어 있으며 이를 정리하면 다음과 같다.

① 일정강도의 가정 : 초과강우는 지속기간 동안에 일정한 강도를 가진다.
② 균등분포 가정 : 초과강우는 전 유역에 걸쳐서 균등하게 분포된다.
③ 일정기저시간 가정 : 주어진 지속기간의 초과강우로부터 발생된 직접유출수문곡선의 기저시간은 일정하다.
④ 비례 가정 : 동일한 기저시간을 가진 모든 직접유출수문곡선의 종거들은 각 수문곡선에 의하여 주어진 총 직접유출수문곡선에 비례한다.
⑤ 시불변 가정 : 주어진 초과강우로부터 발생된 수문곡선은 유역의 특성인자들에 의하여 영향을 받지 않는다.
⑥ 중첩 가정 : 총 직접유출수문곡선은 해당시각에서 각 지속기간별 초과강우에 의하여 발생된 수문곡선의 종거들을 중첩한 것과 같다.

이러한 가정 중에 단위유량도에서 중요한 3가지 가정을 좀 더 상세하게 알아보면 다음과 같다.

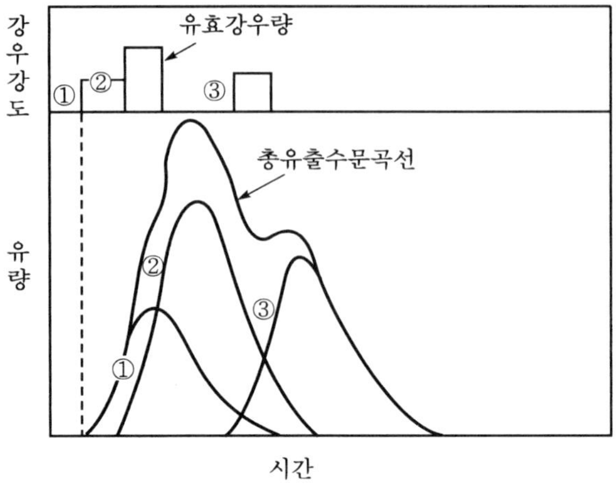

그림 6.22 수문곡선의 중첩

(1) 일정기저시간 가정(principle of equal base time)

동일한 유역에 균일한 강우강도의 강우가 내릴 경우 지속기간은 같으나 강우강도가 다른 각종 강우로 인한 유출량은 크기는 다를지라도 유하기간은 동일하다.

[그림 6.24]에서 강우강도가 각각 i mm/hr와 ni mm/hr일 때 t시간동안 내린 강우로 인한 유출수문곡선은 각각 그 크기가 시간에 따라 다르지만 직접유출의 시간적분포를 나타내는 수문곡선의 기저시간 T는 동일하다는 것이다.

(2) 비례가정(principle of proportionality)

일정기저시간 가정과 마찬가지로 동일한 유역에 균일한 강우강도의 강우가 내릴 경우 동일한 지속기간을 가진 각종 강우강도로부터 직접유출수문곡선의 종거는 임의 시간에서 강우강도에 직접 비례한다. 즉, 일정기간동안 n배만큼 큰 강우강도의 강우가 내리면 수문곡선의 종거는 n배만큼 커진다는 것이며, [그림 6.24]에서 시간 t1에서 강우강도 i와 ni로 인한 수문곡선은 q와 nq로 n배만큼 비례함을 나타낸다.

(3) 중첩가정(principle of superposition)

일정기간동안 균일한 강우강도를 가진 일련의 유효강우량에 의한 총유출은 각 기간의 유효강우량에 의한 각각의 유출량을 산술적으로 합한 것과 같다. [그림 6.22]에서 볼 수 있는 바와 같이 3개의 호우사상으로 인한 총유출수문곡선은 이들 3개의 수문곡선의 종거를 시간에 따라 합함으로써 얻어진다.

단위유량도의 적용을 위하여는 이와 같은 가정이외에도 단위유효우량개념이 포함되어야 하는데, 단위유효우량이란 유역의 전체 면적에 등가우량 깊이로 측정되는 특정한 양의 우량을 말하며 일반적으로 1cm 또는 1inch를 사용한다. 그러므로 단위유효우량은 유출량의 형식으로 단위유량도상에 표현되며 단위유량도 아래의 면적은 유량에 시간을 곱해주므로 체적의 단위를 가지게 된다. 즉 단위유효우량이 1cm이면 1cm의 유효유량으로 어떤 유역의 출구를 통과하는 지점의 총 유출량이 1cm이며 여기에 유역면적을 곱하여 체적이 된다. 단위유량도는 이와 같이 총유출되는 체적의 시간적 분포를 나타내며, 어떠한 유역에 적절한 단위유량도와 그 단위유량도의 자료로 사용된 강우의 지속기간만 알면 동일한 지속기간의 다른 우량에 대한 수문곡선도 비례가정을 이용하여 예측할 수 있다.

한편 자연적인 조건하에서 이와 같은 모든 가정들은 만족될 수 없으나 사용되는 수문자료들을 신중하게 검토한 후 선택한다면 좋은 결과를 나타낸다. 단위유량도에 사용되는 자료들을 가능한 많이 선택하는 것이 좋으나, 다음과 같은 여러 제한성을 가진다.

① 가능한 한 짧은 지속기간을 가지는 호우들이 선택되어져야 하는데, 이와 같은 호우가 거의 일정한 강우강도나 초과강우율을 나타낼 가능성이 크므로 짧은 기저시간의 잘 정의된 하나의 정점을 가지는 수문곡선을 얻을 수 있기 때문이다. 일반적으로 강우의 지속기간이 유역 지체시간의 약 10~30%정도인 것이 좋다.

② 가능한 한 유역내 강우분포가 거의 균일한 형을 선택하여야 하는데, 이동성 호우나 지형적인 요인에 의한 유역내의 불균일한 강우분포는 유역평균강우량에 상당한 영향을 미치므로 상기 ①의 가정에 부적합하기 때문이다.

③ 여러 근사적인 분리법에 의하여 분리된 직접유출에는 지하수의 상당한 양이 내포될 수가 있으므로, 직접유출과 지하수에 의한 기저유출의 감수부가 상이한 수문곡선이 선택되어져야 하며, 일반적으로 직접유출량(혹은 초과우량)이 약 1.3~4.4cm정도인 것이 좋다.

④ 중첩이나 비례가정에 위배되지 않도록 수로형태가 거의 불변이며, 유역내 저류효과가 큰 많은 저수지들이 포함되지 않는 자료들을 선택하여야 한다.

⑤ 시불변의 가정에 위배되지 않도록 시간적으로나 공간적으로 수문특성인자들의 가변성이 큰 유역의 자료들을 피해야 한다.

6.7 강우량과 유출고

수문학적 설계를 위하여 수문곡선과 같이 강우의 시간적 분포에 따른 유출의 시간적변화를 해석하는 방법과 함께 특정기간동안의 총강우량과 유출고 관계를 분석하기도 한다. 실무적인 입장에서 저수지의 체적을 결정하든지 저수지의 운용조작분석 등을 위하여 월별, 계절별 또는 연별 유출되는 체적에 관한 자료가 필요하다. 유출에 영향을 주는 인자들이 매우 다양한 변화를 하므로 강우-유출 상관관계로 얻기는 매우 힘들다. 그러나 온대 및 열대성 기후를 나타내는 지역에서는 [그림 6.39]와 같은 비교적 양호한 상관성을 보이고 있어 연간강수량으로부터 연간유출량을 추정할 수 있다.

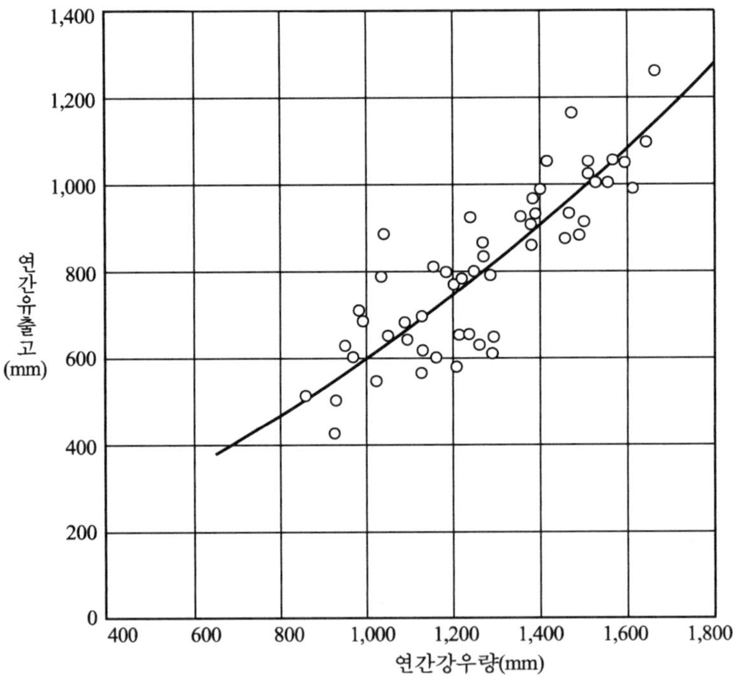

그림 6.23 연간 강우량과 유출고의 상관성

우리나라의 실무에서 사용되는 강우량과 유출고의 산정방법은 다음과 같이 일본의 가지야마가 제안한 유출고 공식을 사용한다.

$$R = \sqrt{P_m^{\ 2} + (138.6f + 10.2)^2} - 138.6 + E_c$$

여기서 P_m : 월별 강우량(mm)

f : 유역의 유출특성에 관한 계수

E_c : 월별 강우량의 크기에 따른 보정우량(mm)

계수 f 값은 [표 6.1]에 각 유역특성에 따라 수록되었다.

표 6.1 가지야마 공식의 f 값

유역특성	f
경작지 및 임야가 많고 경사완만 손실우량 과대	1.4
경작지 및 임야가 많고 경사완만 손실우량 대	1.2
경작지 및 임야가 많고 경사완만 손실우량 중	1.0
경작지 및 임야가 적고 경사 급하여 손실우량 소	0.8
경작지 및 임야가 적고 경사 급하여 손실우량 최소	0.6

6.8 강우강도와 첨두홍수량

수공구조물의 설계를 위한 기준이 되는 유량은 일정한 강우강도의 호우로 인한 유역의 첨두홍수량이다. 유역의 첨두유량을 구하는 방법은 여러 가지가 있으나 여기서 주로 사용되고 있는 합리식(rational formula)을 소개한다.

일정한 강우강도의 강우가 내리면 유출율이 점차 증가하여 평형상태에 도달한다. 평형상태에 도달하는데 걸리는 시간은 강우로 인한 유수가 유역내에서 가장 먼 지점으로부터 유역의 출구지점까지 도달하는데 걸리는 시간과 같으며 이를 도달시간(time of concentraion ; T_e)라 한다.

합리식의 기본가정은 소유역에 일정한 강우강도의 강우가 T_e 보다 긴 기간동안 계속되면 첨두유량은 T_e 시간부터 강우강도에 유역면적을 곱한 것과 같아진다는 것이다. 실제로는 강우의 손실이 발생하므로 계수를 사용하여 조정하므로 다음과 같은 식으로 나타낸다.

$$Q = 0.2778\,CIA$$

여기서 Q : 유역의 출구에서 첨두유량(m3/sec)
C : 유역의 특성에 따른 유출계수(runoff coefficient)
I : 지속기간이 t 인 강우강도(mm/hr)
A : 유역면적(km^2)

상기의 식 각항들은 다음의 방법을 사용한다. 유역면적 A 는 지도상에서 구적기(planimeter)로 구한다. 유출계수 C는 유역면적의 크기, 유역의 피복상태 등에 따르며 토지이용도에 따른 유출계수 C의 범위가 [표 6.2]에 수록되었다.

강우강도 I는 유역의 도달시간 T_c를 강우의 지속기간 t로 하고 설계하려는 수공구조물의 목적 및 중요도에 따라 강우의 재현기간을 선택하여 3장에서 설명되었던 강우강도-지속기간-재현기간 관계곡선으로 구한다. 합리식에서의 유량 Q는 설계 강우강도 I와 동일한 재현기간임을 전제로 한다.

표 6.2 토지이용도에 따른 유출계수 범위

<table>
<tr><th colspan="2">토지이용</th><th>유출계수 C</th><th colspan="3">토지이용</th><th>유출계수 C</th></tr>
<tr><td rowspan="2">상업지역</td><td>도심지역</td><td>0.70~0.95</td><td colspan="3">차도 및 보도</td><td>0.75~0.85</td></tr>
<tr><td>근린지역</td><td>0.50~0.70</td><td colspan="3">지붕</td><td>0.75~0.95</td></tr>
<tr><td rowspan="2">주거지역</td><td rowspan="2">단독주택
독립주택단지
연립주택단지
교외지역
아파트</td><td rowspan="2">0.30~0.50
0.40~0.60
0.60~0.75
0.25~0.40
0.50~0.70</td><td rowspan="2">잔디</td><td>사질토</td><td>평탄지
평균
경사지</td><td>0.05~0.10
0.10~0.15
0.15~0.20</td></tr>
<tr><td>중토</td><td>평탄지
평균
경사지</td><td>0.13~0.17
0.18~0.22
0.25~0.35</td></tr>
<tr><td>산업지역</td><td>산재지역
밀집지역</td><td>0.50~0.80
0.60~0.90</td><td rowspan="8">농경지</td><td>나 지</td><td>평탄한 곳
거친곳</td><td>0.30~0.60
0.20~0.05</td></tr>
<tr><td colspan="2">공원, 묘역</td><td>0.10~0.25</td><td rowspan="2">사질토</td><td>작물있음</td><td>0.30~0.60</td></tr>
<tr><td colspan="2">운동장</td><td>0.20~0.35</td><td>작물없음</td><td>0.20~0.50</td></tr>
<tr><td colspan="2">철로</td><td>0.20~0.40</td><td rowspan="2">중 토</td><td>작물있음</td><td>0.20~0.40</td></tr>
<tr><td colspan="2">미개발지역</td><td>0.10~0.30</td><td>작물없음</td><td>0.10~0.25</td></tr>
<tr><td rowspan="3">도로</td><td>아스팔트</td><td>0.70~0.95</td><td rowspan="2">초 지</td><td>사질토</td><td>0.15~0.45</td></tr>
<tr><td>콘크리트</td><td>0.80~0.95</td><td>중토</td><td>0.05~0.25</td></tr>
<tr><td>벽돌</td><td>0.70~0.85</td><td colspan="2">산림지역</td><td>0.05~0.25</td></tr>
</table>

이와 같이 합리식은 몇 가지 가정 하에 구하는 것으로 유역면적이 약 5km^{2}이내일 경우 사용하는 것이 좋다.

유역의 도달시간 T_e 를 산정하는 경험식은 여러 연구자에 의하여 제안되었으며 이를 정리하면 다음과 같다.

(1) Kirpich 공식

미국에서 개발된 공식으로 농경지 지역의 소유역을 적용 대상으로하여 다음과 같이 표현하였다.

$$T_c = 3.976\frac{L^{0.77}}{I^{0.385}}$$

여기서 T_c : 도달시간(분)
L : 유역의 본류를 따라 측정한 유로연장(km)
I : 유역의 본류에서 가장 먼 지점으로부터 유역의 출구지점까지의 표고차(H)를 유로연장(L)로 나눈 평균경사

(2) Rziha 공식

주로 유역의 평균경사(I)가 1/200이상일 경우의 하천 상류부에 적용되는 식으로 다음과 같다.

$$T_c = 0.833\frac{L}{I^{0.6}}$$

여기서 T_c, L, I는 식 6.63에서 설명된 것과 동일

(3) Kraven 공식

주로 유역의 평균경사(I)가 1/200미만 일 경우의 하천 중하류부에 적용되는 공식으로 다음과 같다.

$$T_c = 0.444\frac{L}{I^{0.515}}$$

여기서 T_c, L, I는 식 6.63에서 설명된 것과 동일

(4) Kerby 공식

Kerby는 유역에서 도달시간이 유로연장(L) 및 평균경사(I) 이외에도 피복된 면의 조도와도 관계가 있음을 고려하여 다음과 같이 표현하였다.

$$T_c = 36.255 \frac{(L \times n)^{0.467}}{I^{0.2533}}$$

여기서 T_c, L, I는 식 6.63에서 설명된 것과 동일
n : 피복된 면의 조도계수로 포장된 지역은 0.02, 초지는 0.40, 수목지역은 0.80을 사용한다.

(5) SCS 방법

미국 토양보존국(SCS)에서는 지표면과 유로상에 평균유속을 산정하여 흐름의 길이(flow length)를 평균유속으로 나누어 도달시간을 계산하는 방법을 제안하였다.
유역의 도달시간 T_c는 하천이므로 유입되기 이전의 지표유하수(overland flow)의 흐름시간 T_1과 유로에서의 흐름시간 $\sum T_2$의 합으로 구성되어 다음과 같이 표현되었다.

$$T_c = T_1 + \sum T_2$$

상기의 식에서 유로에서의 흐름시간은 지도상에서 유로구간을 여러 개로 나누어 각 유로구간의 길이(L_i)와 평균경사(I_i)를 측정한 후 평균단면적(A_i)과 Manning의 조도계수(n_i)를 추정하여 구한다.

$$T_{2i} = \frac{L_i}{V_i} = \frac{L_i}{\frac{1}{n_i} R_i^{\frac{2}{3}} I_i^{\frac{1}{2}}} = \frac{n_i \times L_i}{R_i^{\frac{2}{3}} \times I_i^{\frac{1}{2}}}$$

여기서 R_i : 유로의 구간에서 평균단면의 동수반경

합리식을 이용한 홍수 시 유량산정에 대한 실무사례는 7장에서 소개한다.

예제 6.1

조도계수 n=0.016, 유역출구지점에서 상류로 4km되는 지점(①지점)까지 유로경사는 1/4000이고 유로폭은 5m, 수심은 2.0 m이며, ①지점으로부터 상류로 5km되는 지점(②지점)까지 유로경사는 1/2000, 유로폭은 4m, 수심은 1.5m이다. 유로의 시작지점부터 유역경계까지 지표면 연장은 300m이고 평균경사는 1/100이며, 울창한 수목지역이므로 평균유속 V=0.15m/sec이었다. 이 유역의 도달시간을 SCS방법으로 산정하시오.

풀이

$$T_1 = \frac{300}{0.15 \times 60} = 33.3\,(분)$$

① 지점 : $T'_2 = \dfrac{0.016 \times 4000}{(\frac{10}{9})^{\frac{2}{3}} \times (\frac{1}{4000})^{\frac{1}{2}}} = 3773\,(초) = 62.9\,(분)$

② $T'_2 = \dfrac{0.016 \times 5000}{(\frac{6}{7})^{\frac{2}{3}} \times (\frac{1}{2000})^{\frac{1}{2}}} = 3965\,(초) = 66.1\,(분)$

$\therefore\ T_c = T_s + T_2 + T_2{}' = 162.3\,(분)$

핵심용어 및 내용

1. 직접유출과 기저유출

   (1) 직접유출(direct runoff) : 비가 내린 후, 비교적 단시간 내에 하천으로 흘러 들어가는 부분

   ㉮ 지표면유출 ㉯ 조기지표하 유출

   ㉰ 복류수 유출 ㉱ 수로상 강수(=하천강수)

   (2) 기저유출 (base flow) : 비가 오기 전의 건천후 시 유출

   ㉮ 지하수 유출 ㉯ 지연지표하 유출

2. 수위-유량 관계곡선(Stage-Discharge relation curve or water level rating curve)

   정기적인 유량의 측정과 수위의 관측에 의하여 유량을 횡축에, 수위를 종축에 표시하여 나타낸 곡선

3. 합리식

   어떤 유역 내의 강우강도와 첨두유량과의 관계를 나타내는 데 가장 대표적인 방법.

   I : mm/hr, A : km^2, Q : m^3/sec로 표시하면→ $Q = 0.2778\,CIA$

4. 수문곡선

   수위, 유량, 유속 등의 수문량의 시간적 변화를 말한다.

   → 좁은 의미로는 유량의 시간에 대한 변화를 나타내는 곡선(Q-t curve)

   ※ 지체시간(lag time) : 유효우량 주상도의 중심에서 첨두유출(peak flow)까지의 시간.

5. 직접유출과 기저유출의 분리법

   ▶ 지하수 감수곡선법

   ▶ 수평직선 분리법

   ▶ N day 법

   ▶ 수정 N day 법

   ▶ 가변 경사법

6. 단위유량도

   단위유량도(단위도) : 특정 단위 시간동안 균일한 유역전반에 걸쳐 균등하게 내린 단위유효우량으로 인하여 발생하는 직접유출의 수문곡선

7. 단위유량도의 가정

- ▶ 일정기저시간가정 (principle of equal base time) : 유역특성의 시간적 불변성
- ▶ 중첩가정(principle of superposition) : 유역의 선형성
- ▶ 비례가정(principle of proportionality)

8. 합성단위 유량도

우량과 유량기록이 없는 경우, 다른 지역에서 얻은 자료를 토대로 단위도를 합성하여, 미계측 유역에서 경험적으로 단위도를 구하는 방법.

- ▶ Snyder의 방법 : 단위도의 기저시간(기저폭)(base width or base time), 첨두유량(peak flow) 및 유역의 지체시간(basin lag time) 등 3개의 parameter로서 정의
- ▶ SCS 방법 : 미 토양 보존국(U.S. Soil Conservation Service, SCS)에 의하여 고안된 방법으로, 유출량 자료가 없는 경우에 유역의 토양특성과 식생피복상태 등에 대한 상세한 자료만으로도 총우량으로부터 초과 강우량을 산정할 수 있는 방법
- ▶ Clark의 유역추적법

되짚어 보기

1. 유출의 구성성분을 쓰고 간단하게 설명하시오.
2. 강우의 유출과정을 단계별로 구분하여 설명하시오.
3. 유출에 영향을 주는 지배인자를 쓰고 간단하게 설명하시오.
4. 수문곡선의 구성을 설명하시오.
5. 수문곡선에서 감수곡선을 설명하시오.
6. 호우특성과 토양수분에 따른 수문곡선의 구성을 설명하시오.
7. 수문곡선의 단순분리방법을 쓰고 설명하시오.
8. 단위유량도를 설명하시오.
10. 단위유량도의 3대 가정을 쓰고 설명하시오.
11. 지표면유출 수문곡선에 대하여 설명하시오.
12. 강우량과 유출고 관계를 설명하시오.
13. 남한강유역의 일년간의 총우량이 1,200mm이며, 유출고를 계산했더니 300mm이었다. 이 때 유출계수는?
14. 강우강도와 첨두홍수량관계를 나타내는 대표적인 합리식을 쓰고 간단하게 설명하시오.
15. 유역면적이 15km^2, 유출계수가 C = 0.03, 강우강도가 I = 80mm/h일 때 합리식에 의한 첨두유량은?
16. 면적 20km^{2}의 지역에 2시간에 10mm의 강우강도로 무한히 내릴 때 평형유출량(Q_e)은 약 얼마인가?

CHAPTER 07

수공구조물의 설계

CHAPTER 07

수공구조물의 설계

hydrologic design of hydraulic structures

수문학을 연구하며 여러 해석기법 등을 제안하는 등의 모든 과정은 결국 수공구조물들의 수문학적 설계를 위한 적용에 그 목적이 있다. 수공구조물의 수문학적 설계(hydrologic design of hydraulic structures)는 대규모 또는 소규모 수공구조물의 크기를 결정하는데 기준이 되는 첨두유량에 대한 예측과 유출 수문곡선의 합성에 따른 유출량을 결정하는 것이다.
수공구조물의 종류는 구조물의 규모나 안전도 등을 고려하여 구분할 수 있으나 Chow 등(1988)은 수공구조물 파괴에 따른 잠재적인 피해를 근거로 다음과 같이 분류하였다.

① 소규모 수공구조물

구조물이 파괴되어도 인명손실이 거의 없으며 피해액은 구조물을 대체하거나 수리비용 정도인 경우로 배수구, 도시의 우수관리, 공항의 배수시설, 도로암거, 도시의 우수 저류지, 소하천의 제방, 소규모 댐의 여수로 및 부속시설 등이 있다.

② 중규모 수공구조물

구조물의 파괴 시 약간 명의 인명 손실이 발생할 수 있으며 피해 액수는 구조물의 관리자나 소유자의 재정능력 범위 내에 있는 경우로 수력발전시설, 관개용수로, 중규모 댐과 저수지, 도시 홍수조절지, 철도암거 등이 이에 해당한다.

③ 대규모 수공구조물

구조물의 파괴 시 막대한 인명손실과 막대한 피해가 발생하는 경우로 대규모 다목적댐이나 조정지, 대하천의 제방, 여수로, 원자력 발전시설, 대규모 관개수로, 하구언 등이 이에 해당한다.

이와 같은 대규모 및 소규모 수공구조물의 수문학적 설계를 위해서는 다음과 같은 사항들의 정보를 알아야 한다.

① 구조물의 특성에 따른 수문학적 자료 확보
② 수문학적 해석으로부터 설계빈도(design frequency)에 해당하는 첨두홍수량 결정

③ 설계빈도에 해당하는 하천수위 예측
④ 설계우량(design strom)으로부터 유출 수문곡선의 합성
⑤ 유사량의 유출율
⑥ 저유하량의 빈도해석
⑦ 손실수량
⑧ 저수지의 용수공급능력 등

소규모 수공구조물과는 달리 대규모 수공구조물의 경우 구조물의 붕괴 등으로부터 발생되는 재산 및 인명피해가 매우 크므로 설계우량의 선택에서 극한적인 기상조건까지 고려하는 이외에도 정치적, 사회적 여건을 고려해야 한다.

7.1 수문설계를 위한 자료

7.1.1 지상학적 자료

지상학적 자료는 일반적으로 지형도(topographic map)로서, 우리나라의 경우 국립지리원에서 현장측량 및 항공측량 등으로 제작된다. 우리나라 지형도의 기본은 1:50000축척이고 주요 도시 부근은 1:10000축척도 있다. 특수목적을 위해서 우리나라 5대하천 (한강, 낙동강, 금강, 영산강, 섬진강)의 유역별로 수문관측 시설현황을 나타낸 것도 있다. 지형도의 상세함은 설계하고자 하는 수공구조물의 종류와 목적에 따라 다를수 있겠으나 가능한 한 현장에서 측량을 실시하여 설계지역에 대한 세부도를 만들어 그 유역의 수문학적 및 지형학적 인자를 정확하게 이해해야 한다.

7.1.2 수문자료

여러 가지 수문자료에서 다음과 같은 자료가 대표적이라 하겠다.

① 강수량
② 증발산량
③ 침투량
④ 하천수위 및 유량

⑤ 지하수위 변화 등

이와 같은 수문자료는 우리나라의 경우 다음과 같은 기관에서 획득할 수 있다.

① 국토교통부, 한강 홍수 통제소, 환경부
② 한국수자원공사
③ 한국농어촌공사
④ 한국전력공사
⑤ 기상청
⑥ 국립방재연구원, 한국건설기술연구원

미국의 경우도 수문자료는 정부기관과 연구기관(대학 등)에서 얻을 수 있으며 주요 연방 정부기관은 다음과 같다.

① 농업조사국(Agricultural Research Service)
② 토양보전국(Soil Conservation Service)
③ 육군공병단(Army Corps of Engineering)
④ 해양대기청(National Oceanic and Atmospheric Administration)
⑤ 교정국(Burean of Reclamation)
⑥ 교통부(Department of Transportation)
⑦ 지질국 지형분과(Geological Survey, Topographic Division)
⑧ 지질국 수자원분과(Geological Survey, Water Resources Division)

7.2 수문설계 규모

수자원의 계획과 관리의 목적으로는 물의 조절과 물의 이용이며 이를 위해 수공기술자들은 설계 유입량을 결정하고 흐름을 추적하며 유출량을 검토한다. 물의 조절은 일반적으로

표 7.1 소규모 댐의 설계에 사용되는 강우량

댐의 위치와 피해정도	여수로	여유고
농경지, 피해적음	P100	P100+0.12(PMP−P100)
농경지, 피해보통	P100+0.12(PMP−P100)	P100+0.4(PMP−P100)
도시, 피해 큼	P100+0.26(PMP−P100)	PMP

짧은 기간의 사상을 대상으로 하며 물의 이용은 비교적 장기간의 수문사상을 대상으로 한다. 어떤 구조물을 설계할 경우 구조물이 설계 목적에 맞는 기능을 발휘할 수 있는 최적 수문설계 규모 또는 설계빈도는 구조물 건설에 소요되는 비용과 구조물의 안전이 균형을 이루도록 하고 구조물의 파괴로 인한 피해를 함께 고려하여 구조물의 중요도, 구조물의 수명연한, 경제성 등에 따라 결정한다.

7.2.1 추정되는 한계값

지구상에서 물의 순환은 폐쇄된 시스템 내에서 이루어지므로 수문학적 설계규모의 실제적인 상한 규모가 무한한 값은 아니며, 설계 규모의 하한값은 0이다. 일반적으로 설계규모의 상한값인 추정한계값(estimated limiting value, ELV)은 최대로 가용한 수문정보를 근거로 일정한 장소에서 발생가능한 수문학적 사상의 최대크기로 정의된다. 추정한계값에 대한 불확실성의 정도는 자료에 대한 정보, 기술, 해석의 정확성 등의 신뢰도에 따라 다르며 신뢰도가 증가함으로써 불확실성의 정도는 감소한다. 추정한계값은 확률홍수량, 가능최대강수량(PMP), 가능최대홍수량(PMF), 표준설계홍수량(SPF)으로 나타낼 수 있으며 [그림 7.1]은 수문설계의 규모를 나타내었다.

7.2.2 확률에 의한 구조물별 설계빈도

추정 한계값은 확률값을 알 수 있는 경우가 거의 없으므로 일반적으로 설계규모를 제한하기 위해 확률이나 빈도에 의한 방법들이 사용된다.

수공구조물의 설계빈도는 구조물의 위치 및 여건, 경제적 상황에 따라 변화하므로 일정한 기준으로 결정할 수 없으나 현재까지 국내외에서 경험 및 공학적 판단에 의하여 일반적으로 사용되는 수공구조물의 설계빈도 범위는 [표 7.2]와 같고, [표 7.3]에는 하천등급별 설계빈도를 나타내었다.

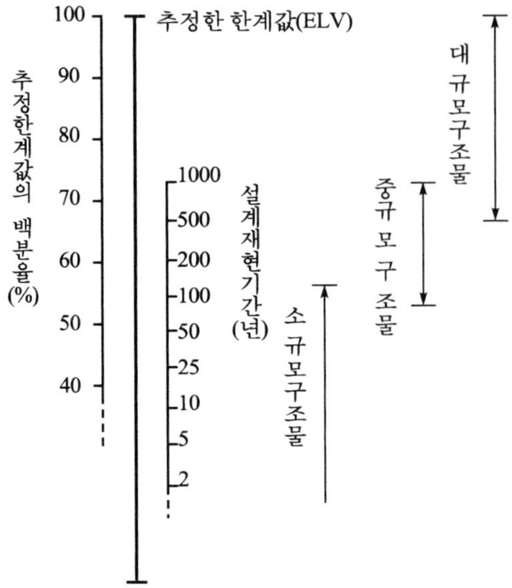

그림 7.1 수문설계 규모

7.3 수문설계의 선택 기준 및 일관성

설계규모에 대한 수문학적 설계기준은 수공구조물의 설계를 위해 고려되는 수문학적 사상의 크기이며 최종 수문학적 설계값은 공학적 판단과 설계자의 경험에 따라 결정되어야 하는데 설계강우와 홍수량의 위험도 분석, 치수의 경제적 분석 등에 따라 결정해야 한다. 즉, 수문학적 설계규모의 판단을 하는 기준은 수문설계자의 공학적 판단과 경험을 바탕으로 결정함이 바람직 한데 앞 절에서의 추정 한계값이나 대규모 및 소규모 수공구조물의 설계값을 결정하기 위해서는 공학적 판단과 함께 내용연한을 초과하지 않는 설계기간에 발생할 위험도를 평가하고 연평균 비용을 최소화 할 수 있는 재현기간에 대한 치수경제분석, 설계자의 설계나 현장경험, 구조물의 종류 및 중요도, 홍수 발생지역의 개발정도에 근거한 표준설계 기준을 판단하여 결정한다.

그러므로 특정 수공구조물의 설계빈도를 일률적으로 100년 또는 1000년 등으로 결정하는 것은 바람직하지 않으며 본류와 지류를 함께 고려한 수계 전체에 대한 종합 치수 대책을 수립하여 일관성 있게 설계빈도를 설정하고 특정한 상황에 따라 변경 및 수정시에는 충분한 조사와 분석을 통하여 조정한다.

이와 같은 수문학적 설계값을 결정하기 위해서 다음과 같은 방법들이 사용된다.

표 7.2 수공구조물별 수문설계빈도

구조물 종류	설계빈도(년)	설계확률	추정한계값
고속도로 배수용 암거			
교통량이 적은 도로	5～10	0.20～0.10	
교통량이 중간인 도로	10～25	0.10～0.04	
교통량이 많은 도로	50～100	0.02～0.01	
고속도로 교량			
소교량(경간L<100m)	10～50	0.10～0.02	
장대교(경간L>100m)	50～100	0.02～0.01	
농업용 배수시설			
암거	5～50	0.20～0.02	
배수구	5～50	0.20～0.02	
도시 배수시설			
소도시 우수거	5～25	0.20～0.04	
대도시 우수거	25～50	0.04～0.02	
유수지 및 빗물 펌프장	10～20	0.10～0.05	
비행장 배수시설			
운행량이 적음	5～10	0.20～0.10	
운행량이 중간	10～25	0.10～0.04	
운행량이 많음	50～100	0.02～0.01	
하천제방			
농경지 하천	2～25	0.50～0.04	
도시 하천	50～200	0.02～0.005	
홍수방어(조절)용			
저수지	50－SPF	0.02이하－SPF	
여수로	PMF		
제방	10－SPF	0.10이하－SPF	
하도	5－SPF	0.20이하－SPF	
배수 시설	2～50	0.50～0.02	
생활 및 공업용수 공급시설	20～200	0.05～0.005	
파괴시 인명피해가 없을 댐			
(위험도가 낮음)			
소규모 댐 중규모 댐 대규모 댐	50～100 100이상	0.02～0.01 0.01이하	50 – 100% } 50 – 100
파괴시 인명피해가 가능한 댐	(위험도가 중간)		
소규모 댐 중규모 댐 대규모 댐	100이상 – –	0.01이하 – –	50 50 – 100% 100% } *SPF*
파괴시 인명피해가 상당할 댐	(위험도가 높음)		
소규모 댐 중규모 댐 대규모 댐	– – –	– – –	50 – 100% 100% 100% } *PMF*

표 7.3 하천등급별 설계빈도

하천등급	하천구분	설계기간(년)	설계빈도
A	직할하천	200	0.005
B	직할하천	150	0.0067
C	지방하천	100	0.01
D	준용하천	80	0.0125
E	기타하천	50	0.02

7.3.1 경험적 방법

미국의 경우 1935년 Nebraska주의 Republican하천에서의 대홍수는 1900년대 초반에 설정된 25년간 기록된 최대 홍수량보다 50~100%를 초과하는 설계홍수량을 소통시키는 규모로 설계된 기존의 설계기준이 부적합하다고 판정될 만큼인 이전의 40년 동안 기록된 최대 홍수량의 10배 이상 크기였다.

이에 수문기술자들은 경험적인 방법으로 과거의 관측값 중에서 최대 극한 사상을 설계값으로 선택하였다. 즉, 과거 N년 동안 최대 극한 사상값이 다음의 n동안 최소한 1회 이상 발생할 확률은 다음과 같이 나타낸다.

$$P(N,n)=\frac{n}{N+n}$$

예를 들어 과거 N년 동안 관측된 최대홍수량이 미래의 N년에서 최소한 1회이상 발생할 확률은 다음과 같다.

$$P(N,N)=\frac{N}{N+N}=\frac{N}{2N}=\frac{1}{2}=0.5$$

또한 m년을 연속하는 가뭄이 N년에 걸쳐 기록된 한계사상기록이라면 미래의 n년 이내에 발생할 더욱 심한 가뭄의 확률 $P(N,m,n)$은 N년의 기록에서 연속기간 m의 수가 $N-m+1$이며 과거의 자료와 미래에 대한 최악의 사상은 미래의 n년에 포함될 것이므로 다음과 같은 식으로 표현된다.

$$P(N,m,n)=\frac{(n-m+1)}{(N-m+1)+(n-m+1)}$$

$$=\frac{n-m+1}{N+n-2m+2} \quad (n \geq m)$$

예제 7.1

과거 50년 동안의 자료로부터 가뭄에 대한 한계사상이 10년 동안 지속되었다면 이보다 더욱 악화된 가뭄이 다음 25년에 발생할 확률을 구하시오.

풀이

$$P(50,10,25) = \frac{25-10+1}{50+25-2\times10+2} = \frac{16}{57} = 0.281$$

7.3.2 위험도 해석방법

치수의 측면에서 물 조절의 설계는 위험성을 가지고 있으며, 수공구조물의 설계재현기간인 T 년이 내구연한, 즉 구조물의 기대하는 수명이내를 초과한다면 파괴될 것이다. 이와 같은 수문학적 위험도(risk)는 다음과 같이 표현된다.

$$R = 1 - \left[1 - P(x \geq x_T)\right]^n$$

여기서 $P(x \geq x_T) = \frac{1}{T}$

n : 구조물의 내구연한

즉, R은 $x \geqq x_T$ 인 사상이 n년에 최소한 1회 발생할 확률이다. 수문설계자가 수공구조물의 설계홍수량이 구조물의 내구연한 10년 동안 발생되지 않을 확률을 90%로 원한다면 이 구조물은 100년에 대한 설계홍수량 설계해야한다.

예제 3.1

수공구조물의 내구연한이 20년인 경우 허용되는 위험도가 15%라면 설계되는 재현기간과 이 재현기간으로 설계된 구조물이 100년동안 파괴되지 않을 확률을 구하시오.

풀이

$R = 1 - (1 - \frac{1}{T})^n$ 이므로

$0.15 = 1 - (1 - \frac{1}{T})^{20}$

$\therefore\ T = 123.6$년

$T = 123.6$년이므로 $n = 100$년을 초과하는 파괴위험도가 다음과 같이 산정된다.

$R = 1 - (1 - \frac{1}{123.6})^{100} = 0.556$

그러므로 100년의 기간 동안 이 구조물이 파괴되지 않을 확률은 다음과 같다.

$\therefore 1 - 0.556 = 0.444$

7.3.3. 수문 경제성 해석방법

최적의 설계 재현기간은 수문학적사상의 확률적 특성과 발생 가능한 피해가 수문학적 사상의 가능한 범위에 대하여 모두 알고 있으므로 발생하는 결과라고 한다면 물의 경제성 해석으로 결정할 수 있다. 설계 재현기간이 증가하면 예상되는 피해액을 함께 고려하여 최소의 총비용을 갖는 최적설계재현기간을 결정한다.

설계사상의 크기가 x_T라고 하면 $x \leq x_T$인 경우에는 구조물의 피해가 발생하지 않으나 $x > x_T$인 경우에는 피해가 발생한다. 파괴로 인한 연간 피해액은 x 크기의 사상이 임의의 해에 발생할 확률 $f_{(x)}\,dx$ 와 그 사상으로 인한 피해액 $M_{(x)}$를 곱하여 $x \geqq x_T$ 에 대해 적분함으로써 예상되는 연비용 M_T를 다음과 같이 구한다.

$$M_T = \int_{x_T}^{\infty} M(x) \cdot f(x) dx$$

7.4 소규모 수공 구조물의 설계홍수량 산정법

소규모 수공구조물은 비교적 유역면적이 작은 소유역(small basin)으로부터 홍수시 유출을 소통시키기 위해 설계된다. 소유역의 특성은 다음과 같다.

① 지속기간이 짧은 높은 강우강도에 민감하게 반응한다.
② 토지 이용상태에 따라 여러 조건들이 민감하게 반응한다.
③ 유역으로부터의 첨두유출량은 하천유량이 아닌 지표유하수(overland flow)에 의해 지배된다.

7.4.1. 홍수량공식의 적용

경험적으로 얻은 홍수량공식에 의하여 설계홍수량(첨두유량)을 산정하는 방법이며, 주로 유역면적, 유로의 길이, 유역의 경사 등으로 홍수량을 산정한다.

(1) Meyer공식
1879년 발표된 가장 대표적인 공식으로 다음과 같다.

$$Q = CA^n$$

여기서 Q : 설계홍수량
c, n : 유역의 지형, 기후 및 사용되는 단위에 따른 상수
A : 유역면적

(2) 가지야마 공식
1922년 가지야마가 우리나라의 최대홍수량 기록자료를 사용하여 제안한 공식으로 다음과 같다.

$$Q = F(310 + r)\left(4 + \frac{A}{L^2}\right) A^{0.877 - 0.041\log_{10}A}$$

여기서 Q : 최대홍수량

F : 유역의 경사와 유출을 나타내는 상수 (표 10.4)

r : 유역의 최대 24시간 평균우량

L : 유로의 길이

A : 유역면적

상기의 식에 24시간동안의 확률강수량(R_T)를 적용하면 확률홍수량(Q_T)을 산정할 수 있다.

표 7.4 유역의 상태에 따른 F값

유역의 상태	F값
임야 적고 유출 많은 급경사 지역	0.0079
유출이 많은 지역	0.0075
유출이 보통인 지역	0.0071
유출이 적은 지역	0.0067
유출이 매우 적은 지역	0.0063

상기의 식은 다음과 같이 수정 제안되었다.

① A 〈 42.91 km^2 일 때

$$Q = F(310+r)\left(4+\frac{A}{L^2}\right)A^{1.016-0.1135\log_{10}A}$$

② A 〉 42.91 km^2 일 때

$$Q = 1.886\,F(310+r)\left(4+\frac{A}{L^2}\right)A^{0.67847-0.01011og_{10}A}$$

가지야마식은 계수 F값의 선택에 객관성 문제가 있으며 빈도개념이 도입되어 제안된 것이 아니라 기록상의 강우량과 지형인자간의 상관성분석으로 얻어진 것이다.

7.4.2 홍수량 기록자료의 빈도해석 적용방법

어느 지역이나 지점의 빈도해석으로 홍수빈도곡선을 작성하는 방법으로 유량자료 등 자료가 풍부해야 한다. 최근에는 각 유역에 대한 유역특성 및 강수의 특성을 나타내는 유량의 실측 자료가 증가하여 통계학적 빈도해석의 신뢰도를 높이고 있으나 일반적으로 소유역에 대한 자료는 아직 미약하여 이 방법의 적용에는 문제가 있다.

7.4.3 합리식 적용방법

이미 앞장에서 설명된 합리식은 실제와는 차이가 나는 가정을 전제로 하지만 사용방법의 단순함으로 소유역의 설계유량 산정에 자주 사용된다. 소유역에 대한 강우자료로부터 합리식을 이용한 확률강우량 산정, 도달시간 산정, 홍수량 산정은 다음과 같은 실제사례 과정으로 산정된다.

(1) 수문관측소의 선정

일반적으로 소유역 내에는 수문관측소가 없으며 이러할 경우 인근에 있는 수문관측소를 이용하여 수리·수문학적 분석을 시행한다. [그림 7.2]와 같이 해당유역에 Thiessen망을 이용하여 여주관측소자료로 수문분석을 하였으며, 여주관측소의 경우 1965년부터 관측을 개시하여 현재까지 관측기록을 보유하고 있으며, [표 7.5]에 인근지역의 우량관측소 현황을 나타내었다.

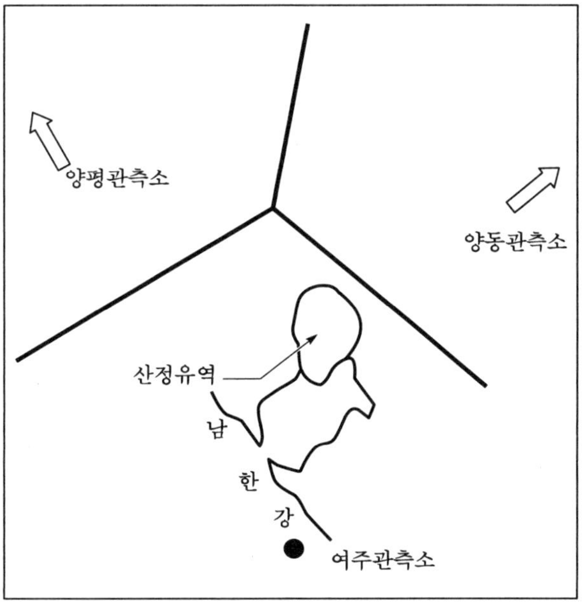

그림 7.2 대상유역의 Thiessen망

표 7.5 대상유역의 우량관측소 현황

관측소명	위치	관측개시일	관할청
여주	경기도 여주군 여주읍 상리	1965.7	건설교통부
양동	경기도 양평군 양동면 쌍학리	1962.7	건설교통부
양평	경기도 양평군 양평면 양근리	1974.7	기상청

(2) 확률강우량

하천시설물 계획을 수립하는데 있어서 적절한 규모의 강우량을 선정하여 그로 인한 홍수를 대상으로 하도, 홍수조절지 등 하천개수계획을 수립하며, 대상유역에 대한 계획 홍수 규모를 결정하기 위해 먼저 유역내 또는 유역 인근에 위치한 강우관측소의 강우기록을 근거로 하여 통계적 해석방법으로 확률강우량을 산정하고, 이에 의해 확률홍수량을 산정하는 것이 일반적이다.

그러나 대상유역의 하천은 남한강 지류의 소하천으로 지점 내 확률강우량이나 홍수량을 산정한 바가 없으므로 여주관측소의 기록을 이용하여 확율강우량을 산정한다.

하천유역 인근에 위치하는 여주관측소의 일최대 강우자료를 이용하여 재현기간 2년, 5년, 10년, 20년, 30년, 50년에 대하여 Normal 분포형 이외에 7가지 방법을 이용하여 확률강우량을 산정하였으며 결과를 아래 [표 7.6]에 나타내었다.

확률강우량을 산정한 후 통계적인 검정과정을 통하여 [표 7.6]에서 표현된 여러 방법 중에서 LOG-PEARSON-3형이 적절한 방법으로 나타났다.

표 7.6 산정방법별 24시간 확률강우량

산정방법 \ 재현기간	2년	5년	10년	20년	30년	50년	채택
NORMAL	134.39	189.29	217.99	241.69	254.02	268.36	
LOG-NOR-2	120.90	178.05	217.99	257.64	281.04	310.94	
LOG-NOR-3	119.67	175.89	216.57	257.87	282.62	314.61	
EXTRMAL-1	124.60	189.96	233.22	274.73	298.60	328.45	
PEARSON-3	115.55	174.37	218.38	262.65	288.74	321.89	
LOG-PEARSON-3	116.61	168.36	211.02	259.08	290.29	333.39	◎
GUMBEL-CHOW	123.85	180.53	218.06	254.06	274.77	300.65	

표 7.7 홍수량 산정지점

산정지점	유역면적(㎢)	유로연장(km)	비고
무명교	7.34	3.50	

(3) 홍수량 산정

① 홍수량 산정지점

홍수량 산정지점 위치도는 [그림 7.3]과 같으며, 산정지점의 유역면적 및 유로연장은 [표 7.7]과 같다.

② 합리식에 의한 홍수량 산정방법

하천시설물 계획 및 수립하는데 있어서 타당한 홍수량 규모를 정하는 데에는 대상하천에 대한 수위-유량 곡선(Rating-Curve)자료를 이용하는 것이 적절하지만 자료가 전무한 실정이므로 일반적으로 소하천에서 홍수량을 결정하는 공식인 합리식을 이용하여 산정한다. [표 7.8]은 합리식에서 사용되는 유출계수의 적용을 토지이용에 따라 정리한 제 6 장의 [표 6.5]를 재정리 하였다.

합리식은 배수 유역내 발생한 호우의 강도(Rainfall intensity)와 첨두유출량간의 관계를 나타내는 가장 대표적인 경험공식으로 다음과 같다.

$$Q = 0.2778\,CIA$$

여기서 C : 배수류역의 특성에 따른 유출계수

I : 강우지속시간 T_c에 해당되는 강우강도(mm/hr)

$$= \frac{R_{24}}{24}\left(\frac{24}{T_c}\right)^{0.61}$$

R_{24} : 24시간 우량(mm)

T_c : 도달시간

A : 유역면적 (km^2)

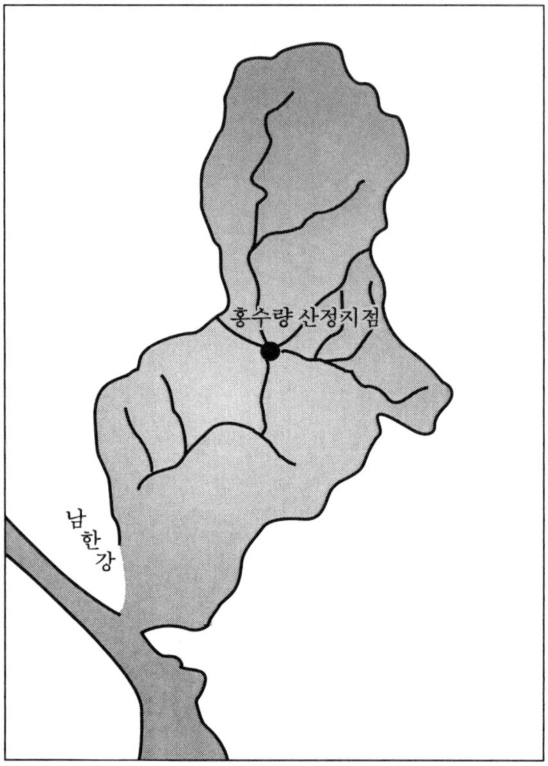

그림 7.3 홍수량 산정지점

㉠ 합리식의 적용시 주의사항

· 유출계수를 산정할 때 토지이용도의 변화와 수문학적 유역의 변화를 고려하여 세부유역으로 구분한다.

· 공학적인 판단력과 경험적인 감각을 가지고 적절한 계수산정과 유역구분을 해야 한다.

㉡ 합리식에 의한 유출특성

· 첨두유량의 빈도는 설정된 홍수도달시간에 의한 강우강도에 의해 결정된다.

· 유출률은 강우강도가 총강우량에 관계없이 일정하다. 이러한 가정은 불투수성 면적이 많은 도시지역에 있어서는 일치하지만 산지지역과 같은 투수성 지역에서는 잘 일치하지 않는다.

· 첨두유량의 산정만으로도 수공구조물의 설계는 충분하며, 이 가정은 하수관망이나 제방의 설계 등과 같은 최대값만이 설계요소가 되는 경우에는 적용 가능하지만, 저류지의 용량 산정등에서는 참고자료로만 활용된다는 한계를 가지게 되는 것이다.

표 7.8 토지이용도에 따른 합리식의 유출계수

토지이용		C
상업지역	도심지역	0.70~0.95
상업지역	근린지역	0.50~0.70
주거지역	단독주택	0.30~0.50
주거지역	독립주택단지	0.40~0.60
주거지역	연립주택단지	0.60~0.75
주거지역	교외지역	0.25~0.40
주거지역	아파트	0.50~0.70
산업지역	산재지역	0.50~0.80
산업지역	밀집지역	0.60~0.90
공원, 묘역		0.10~0.25
운동장		0.20~0.35
철로		0.20~0.40
미개발지역		0.10~0.30
도로	아스팔트	0.70~0.95
도로	콘크리트	0.80~0.95
도로	벽돌	0.70~0.85

토지이용		토양	조건	C
차도 및 보도				0.75~0.85
지붕				0.75~0.95
잔디		사질토	평탄지	0.05~0.10
잔디		사질토	평균	0.10~0.15
잔디		사질토	경사지	0.15~0.20
잔디		중토	평탄지	0.13~0.17
잔디		중토	평균	0.18~0.22
잔디		중토	경사지	0.25~0.35
농경지	나지		평탄한 곳	0.30~0.60
농경지	나지		거친곳	0.20~0.05
농경지	경작지	사질토	작물있음	0.30~0.60
농경지	경작지	사질토	없음	0.20~0.50
농경지	경작지	중토	작물있음	0.20~0.40
농경지	경작지	중토	없음	0.10~0.25
농경지	초지	사질토		0.15~0.45
농경지	초지	중토		0.05~0.25
농경지	산림지역			0.05~0.25

ⓒ 유출계수의 산정

동일 유역이라 하더라도 침투량을 결정하는 데 중요한 역할을 하는 지질과 경사가 동일할 수는 없으며, 강우는 필연적으로 공간적인 변동을 일으키게 되므로 합리식은 좁은 유역에서 사용하는 것이 바람직하고, 본 유역과 같은 곳에 적용하기 위해서는 소유역으로 분할하여 사용하는 것이 적정한 것으로 알려져 있다.

③ 홍수도달시간 산정

홍수도달시간(time of concentration)이란 강우가 해당 유역에 발생하였을 때 유역의 최상류점에서 최하류부까지 유량이 도달하는 데 소요되는 시간이라고 정의할 수 있다. 그러므로 홍수도달시간이 될 때 하구부는 첨두유량이 발생되며, 이때가 치수를 위한 시설물의 설계기준이 되므로 홍수도달시간의 정확한 산정은 합리식의 적용상 가장 중요한 인자가 된다.

홍수도달시간은 수년간의 관측값을 통한 강우강도에 따른 홍수도달시간의 산정이란 작업이 선행되어야 하나, 우리나라의 경우 대하천 유역에 대해서도 아직은 실측치 자료가 완전하게 확보되지 못한 상태이기 때문에 외국의 실험 등에 의한 경험식을 사용하고 있다. 따라서 평가대상지역의 홍수도달시간 역시 경험식에 의하여 산정하였으며, 산정결과의 객관성을 확보하기 위하여 알려진 공식중 많이 사용되고 있는 4가지 공식을 적용하였다. 각 공식들은 다음과 같은 유역의 특성에 따라 적용된다.

㉠ 하도흐름이 지배적인 유역

하도흐름이 주된 경우의 유역에서 홍수도달시간은 일반 수리학에서 개수로 평균유속공식을 이용하여 하도길이를 유속으로 나눔으로써 쉽게 구할 수 있다. 이때 적용될 수 있는 평균유속공식은 Manning공식 또는 Chèzy공식 등을 사용한다.

㉡ 지표면 흐름이 지배적인 유역

지표면 흐름이 지배적인 유역에서 도달시간은 주로 지표면의 지형학적 요소(지표면 경사 S, 지표면 흐름길이 L 등)와 저항계수 (합리식의 유출계수 C, Manning의 조도계수 n 등), 그리고 유역에 내리는 강우강도(I)의 영향을 받는다. 이러한 흐름에 적용될 수 있는 도달공식은 주로 자연하천 유역에서 Kraven공식, Rziha공식, SCS공식(1975) 등이 이용된다.

㉢ 하도와 지표면 흐름이 복합된 유역

하도와 지표면 흐름이 중요한 역할을 하는 유역에 적용될 수 있는 공식에는 Kirpich공식(1940), McCuen 등의 공식(1983), Eagleson공식 등이 있다.

이와 같은 사항들을 고려하여 산정결과의 객관성을 확보하기 위하여 알려진 공식 중 많이 사용되고 있는 Kirpich공식, Rizha공식, Kraven공식, Kerby공식을 적용하였다.

㉠ Kirpich공식

1940년 Kirpich가 서부 Tennesse지역의 급경사 농지 및 산지지역의 실측자료를 기초로 제안한 경험공식으로 다음과 같이 나타내어진다.

$$t_c = 3.976 \frac{L^{0.77}}{S^{0.385}}$$

여기서 t_c : 홍수도달시간(min)
L : 유역의 최장 하천길이(km)
S : 유역의 평균경사
H : 유역출구점과 본류 최원점까지의 표고차

이 식은 하천의 형태가 잘 구획되어 있는 자연하천, 나대지 형태의 지표흐름 등에서는 잘 일치하며, Rossmiler는 다음과 같은 지역에 대한 홍수도달시간의 보정계수 [표 10.9]를 산출된 유출계수에 곱하도록 제시한 바 있으나 일반적인 표면류나 자연하천의 경우 유출보정계수를 곱할 필요가 없다.

㉡ Rizha공식

자연하천의 상류부($S \geq 1/200$)에 적용되는 공식으로 다음과 같이 표시된다.

$$t_c = 0.833\frac{L}{S^{0.6}}$$

표 7.9 홍수도달시간의 보정계수

유역의 형태	유출보정계수
일반적인 표면류나 자연하천	없음
콘크리트 및 아스팔트	0.4
콘크리트로 개수된 하천	0.2

여기서 t_c, L S 는 Kirpich공식과 동일하다.

㉢ Kraven공식 : 유역평균경사가 1/200이하인 경우 적용되며 다음과 같다.

$$t_c = 0.444\frac{L}{S^{0.515}}$$

㉣ Kerby공식

1959년 Kerby에 의해 개발된 공식으로 지표면 흐름에 대한 도달시간을 산정하기 위하여 다음과 같이 제안되었다.

$$t_c = 36.225\,\frac{(L \cdot N)^{0.467}}{S^{0.2335}}$$

여기서 t_c : 홍수도달시간(min)

L : 유로의 최원점에서 하천유입부분까지의 직선거리(km)

S : 유로의 평균경사

N : 유역의 조도(roughness)를 나타내는 상수

이와 같은 공식들의 적용 결과 Kerby의 공식에 의한 결과가 가장 크게 산정되었으며 Rizha에 의한 공식이 가장 짧게 산정되었다. 일반적으로 홍수시 평균유속은 1.0~2.0 m/sec 사이이므로 Kirpich 공식을 적용하여 홍수량을 산정하였다.

④ 홍수량 산정

이상의 결과를 이용하여 합리식으로 홍수량을 산정하였으며 산정결과를 [표 7.10]과 같이 나타내었다.

[표 7.10]은 확률강우량으로부터 확률홍수량을 산정한 것으로 예를 들어 재현기간 5년의 강우시 대상 하천을 흐르는 수량은 약 53.05m^3/sec가 될 것이다.

표 7.10 확률홍수량 산정

재현기간(년)	홍수량(㎥/sec)	비고
2	36.74	
5	53.05	
10	66.49	
20	81.63	
30	91.47	
50	105.05	
80	118.86	

핵심용어 및 내용

1. 수공구조물의 종류

① 소규모 수공구조물

구조물이 파괴되어도 인명손실이 거의 없으며 피해액은 구조물을 대체하거나 수리비용 정도인 경우로 배수구, 도시의 우수관리, 공항의 배수시설, 도로암거, 도시의 우수 저류지, 소하천의 제방, 소규모 댐의 여수로 및 부속시설 등

② 중규모 수공구조물

구조물의 파괴 시 약간 명의 인명 손실이 발생할 수 있으며 피해 액수는 구조물의 관리자나 소유자의 재정능력 범위 내에 있는 경우로 수력발전시설, 관개용수로, 중규모 댐과 저수지, 도시 홍수조절지, 철도암거 등

③ 대규모 수공구조물

구조물의 파괴 시 막대한 인명손실과 막대한 피해가 발생하는 경우로 대규모 다목적댐이나 조정지, 대하천의 제방, 여수로, 원자력 발전시설, 대규모 관개수로, 하구언 등

2. 합리식을 활용한 소규모 수공구조물의 홍수량산정

(1) 수문관측소 선정 : 티센망

(2) 확률강우량 산정

(3) 홍수량산정

① 홍수량 산정지점의 선정

② 합리식 적용 : 유출계수 산정

③ 홍수도달시간 산정 : 경험식

④ 홍수량산정

되짚어 보기

1. 대규모, 중규모, 소규모 구조물을 분류하고 간단하게 설명하시오.
2. 수문설계를 위한 자료의 종류를 쓰고 간단하게 설명하시오.
3. 우리나라에서 수문자료를 얻을 수 있는 기관 또는 연구소를 쓰시오.
4. 수문설계규모를 간단하게 설명하시오.
5. 소규모 수공구조물의 설계홍수량 산정방법을 쓰고 간단하게 설명하시오.
6. 가능최대홍수량을 간단하게 설명하시오.

Appendix

부 록

1.1 물의 물리적 성질

(1) 온도에 따른 물의 밀도(g0/cm^3)

t℃	0.0	0.1	0.2	0.3	0.4	0.5	0.6	0.7	0.8	0.9
0	0.999868	875	881	888	894	905	911	911	916	922
1	927	932	936	941	945	949	953	957	961	965
2	968	971	974	977	980	982	984	987	989	691
3	992	994	995	996	997	998	999	999	999	000
4	1.000000	000	000	999	999	998	997	996	995	993
5	0.999992	990	998	986	984	982	980	977	974	971
6	968	965	962	958	955	951	947	943	939	934
7	930	925	920	915	910	905	899	894	888	882
8	876	870	864	858	851	845	838	831	824	817
9	809	802	794	786	778	770	762	754	746	737
10	738	719	710	701	692	683	673	663	653	643
11	0.999633	623	612	602	591	580	570	559	549	535
12	525	513	502	490	478	466	454	442	429	417
13	404	361	378	365	352	339	326	312	299	285
14	271	257	243	229	215	200	186	171	156	142
15	127	111	096	081	066	050	034	018	003	986
16	0.998970	954	938	921	905	888	871	854	837	810
17	803	786	768	750	733	715	697	679	661	643
18	624	606	587	569	550	531	512	493	474	454
19	435	415	396	376	356	336	316	296	275	255
20	234	214	193	172	151	130	109	088	066	045
21	0.998023	002	980	958	936	914	892	869	847	824
22	0.997802	779	756	734	710	987	664	641	617	594
23	570	547	523	499	475	451	426	402	378	353
24	329	304	279	254	229	204	179	154	128	103
25	077	051	026	000	974	948	921	895	869	842
26	0.996816	789	762	736	709	682	655	627	600	573
27	545	518	490	462	434	406	387	350	322	294
28	265	237	208	179	151	122	093	064	035	005
29	0.995976	947	917	888	858	828	798	768	738	703
30	678	648	617	587	556	526	495	464	433	402

(2) 온도에 따른 물의 점성계수(Centipoise=0.01dyne·sec/cm^2)

t℃	0	1	2	3	4	5	6	7	8	9	10
μ	1.7921	1.7313	1.6727	1.6191	1.5674	1.5188	1.4728	1.4284	1.3860	1.3462	1.3077
t℃	11	12	13	14	15	16	17	18	19	20	21
μ	1.2713	1.2363	1.1708	1.1404	1.1111	1.0559	1.0559	1.0559	1.0299	1.0050	0.9810
t℃	22	23	24	25	26	27	28	29	30	–	–
μ	0.9579	0.9358	0.9143	0.8937	0.8737	0.8545	0.8360	0.8180	0.8007	–	–

(3) 온도에 따른 물의 동점성계수(Stokes=cm^2/sec)

t℃	0.0	0.1	0.2	0.3	0.4	0.5	0.6	0.7	0.8	0.9
0	1.792	1.786	1.780	1.774	1.768	1.761	1.755	1.749	1.743	1.737
1	.731	.725	.719	.713	.707	.701	.696	.690	.684	.679
2	.673	.667	.661	.655	.650	.645	.639	.634	.629	.624
3	.619	.613	.603	.608	.598	.592	.582	.577	.572	.572
4	.567	.562	.557	.552	.542	.537	.537	.533	.528	.524
5	1.519	1.515	1.510	1.505	1.500	1.496	1.491	1.478	1.482	1.477
6	.473	.468.	.464	.459	.455	.451	.466	.442	.438	.433
7	.428	.424	.420	.416	.412	.408	.403	.399	.395	.391
8	.386	.383	.379	.375	.371	.367	.363	.359	.355	.351
9	.346	.342	.339	.335	.331	.327	.323	.319	.315	.311
10	1.308	1.304	1.300	1.296	1.293	1.289	1.285	1.282	1.278	1.274
11	.271	.267	.264	.260	.256	.253	.250	.246	.243	.240
12	.237	.233	.230	.226	.223	.229	.217	.214	.211	.207
13	.204	.201	.198	.194	.191	.185	.182	.178	.175	.175
14	.172	.169	.166	.162	.159	.156	.153	.150	.147	.144
15	1.141	1.138	1.135	1.132	1.129	1.126	1.123	1.120	1.117	1.115
16	.112	.109	.106	.103	.100	.098	.095	.092	.089	.063
17	.048	.081	.078	.075	.072	.069	.067	.065	.062	.059
18	.057	.055	.053	.050	.047	.045	.042	.040	.037	.035
19	.032	.029	.026	.024	.022	.019	.017	.014	.012	.009
20	1.007	1.004	1.002	1.000	0.997	0.995	.993	0.990	0.988	0.986
21	0.983	0.981	0.978	0.076	.974	.972	.969	.967	.964	.962
22	.960	.958	.95	.953	.951	.949	.947	.945	.942	.940
23	.938	.936	.934	.932	.929	.927	.925	.923	.921	.919
24	.917	.915	.913	.911	.909	.907	.905	.903	.901	.895
25	0.897	0.895	0.893	0.893	0.891	0.889	0.887	0.885	0.883	0.879

26	.877	.875	.873	.871	.869	.867	.866	.864	.862	.860
27	.858	.856	.854	.852	.850	.848	.846	.845	.843	.841
28	.839	.837	.835	.833	.832	.830	.828	.826	.825	.823
29	.821	.819	.818	.816	.814	.813	.811	.809	.808	.806
30	0.804	0.803	0.801	0.799	0.798	0.796	0.794	0.793	0.791	0.790

(4) 온도에 따른 물의 표면장력 (dyne/cm)

t℃	0	5	10	15	16	17	18	19
T	75064	74.92	74.22	73.49	73.34	73.19	73.05	72.90
t℃	20	21	22	23	24	25	30	–
T	72.75	72.59	72.44	72.28	72.13	71.97	71.18	–

1.2 단위환산

(1) 길이

미크론(micron)	$1\mu = 1\mu m = 10^{-6}$m
옹그스트롬(angstrom)	$1\text{Å} = 10^{-10}$m
야아드(yard)	$1yd = 0.9144$m
피이트(feet)	$1ft = \frac{1}{3}yd = 0.3048$m
인치(inch)	$1\,\text{in.} = \frac{1}{36}\,\text{yd} = 0.0254\,\text{m}$
마일(mile)	$1mi = 1760yd = 1609.344$m
海里(nautical mile)	$1\,n.mi = 1852$m
光年(light year)	$1\,light\ \ year = 9.4614 \times 10^{5}$m

(2) 面積

아아르(are)	$1\,a = 100m^2$
헥타아르(hectare)	$1\,ha = 10^4\,\text{m}^2$
제곱인치(square inch)	$1\text{in}^2 = 0.4516 \times 10^{-4}\text{m}^2$
제곱 피이트(square feet)	$1ft^2 = 9.290304 \times 10^{-4}\text{m}^2$
제곱 야아드(square yard)	$1yd^2 = 0.836127\text{m}^2$
제곱 마일(square mile)	$1mi^2 = 2.58999\text{km}^2$
에이커(acre)	$1\,\text{arce} = 4840yd^2 = 4046.86\text{m}^2$
평	1평 $= 3.30579\text{m}^2$

(3) 體積

리 터(liter)	$1l = 1bm^3 = 10^{-3}m^2$
세제곱 센티미터	$1cm^3 = 1.c.c = 10^{-6}m^2$
세제곱 인치	$1in^3 = 16.3871 \times 10^{-6}m^2$
세제곱 피이트	$1ft^3 = 28316.8 \times 10^{-6}m^2$
세제곱 야아드	$1yd^3 = 0.764555m^2$
갤론(galion)	$1gal = 3.78564 \times 10^{-3}m^2$
에이커·피이트(acre-feet)	$1acre \cdot ft = 1230m^2$
에스. 에프. 디(sfd)	$1sfd = 1ft^3/sec \cdot day = 2450m^2$

(4) 體積流量

리터	$1l/sec = 10^{-3}m^2/sec$
입방피이트.	$1ft^3/sec = 1cfs = 2,83168m^2/sec$
갤론.	
갤론. 海分(gallon per second)	$1gal/sec = 3.79 \times 10^{-3}m^3/sec = 327m^2/day$
갤론, 海日(gallon per day)	$1gal/day = 4.38 \times 10^{-8}m^2/sec$
에이커. 피이트 海日(acre-feet-per day)	$1acre \cdot ft/day = 0.0143m^2/sec$

(5) 時間

分(minute)	$1min = 60sec$
時(hour)	$1hr = 360sec$
日(day)	$1day = 24hr = 86400sec$

(6) 質量

그램 (gram)	$1g = 10^{-3}kg$
톤(tonne)	$1t = 10^3kg$
카랏트(carat)	$1ct = 200mg = 10^{-5}kg$
파운드(pound)	$1lb = 0.45359237kg$
슬러그(slug)	$1slug = 14.5939kg$
그레인(grain)	$1gr = \frac{1}{7000}lb = 64.7989mg$
온스(ounce)	$1\ oz = \frac{1}{16}lb = 28.3495g$
英國톤(ton)	$1t = 2240lb = 1016.05kg$
美國톤(short ton)	$1sh.t = 20001b = 907.185kg$

(7) 힘

뉴우톤(Newton:뉴우톤)	$1N = 1kg \cdot m/\sec^2$
다 인(dyne)	$1dyne = 1g \cdot cm/\sec^2 = 10^{-5}N$
킬로그램(kilogram weihgt)	$1kg = 9.80665N$
파운드重(pound force)	$1lbf = 4.44822N$
파운달(poundal)	$1pdl = 0.138255N$

(8) 에너지, 일

주 울(joule)	$1\,J = \cdot 1Nm$
에르그(erg)	$1erg = 10^{-7}J$
칼로리(thermochemical calorie)	$1cal = 4.184J$
I.T.칼로리(International steam table calorie)	$1cal_{I.T.} = 4.1868J$
킬로와트·時(kilowatt-hour)	$1Kwh = 3.6 \times 10^6 J$
킬로그램重·미터(kilogram-meter)	$1Kgw \cdot m = 9.80665J$
피이트·파운드重(feet-pound force)	$1ft \cdot 1bf = 1.35582J \times 10^{-2}$
제곱 야아드(square yard)	$1yd = 0.836127$㎡
피이트·파운달(feet-poudal)	$1ft \cdot pdl = 0.0421401J$

(9) 動力

킬로칼로리·海時	$1\,Kcal/hr = 1.16222\,W$
킬로그램重·메타	$1kgw \cdot m/\sec = 9.80665\,W$
피이트·파운드	$1ft \cdot lbf/\sec = 1.35582\,W$
佛馬力(metric horse power)	$1\,P.S = 75w \cdot m/\sec = 735.499\,W$
英馬力(British horse power)	$1\,hp = 745.7\,W = 550ft \cdot lbf/\sec$

(10) SI 단위로 환산 및 SI 단위 접두어

	변 환 (기존 단위 → SI 단위)		배 수
압 력	kgf/㎠	→ Pa(Passcal)	9.8×10^4
	kgf/㎡	→ Pa	9.8
	mH_2o	→ Pa	9.8
	mmH_2o	→ Pa	9.8×10^3
에너지, 일량	kgf·m	→ J(Joule)	9.8
공률, 동력	PS(마력)	→ W(Watt)	$735 (= 9.8 \times 75)$
힘	gf(그램重)	→ N(Newton)	9.8×10^{-3}
	kgf(킬로그램重)	→ N	9.8
	tf(톤중)	→ N	9.8×10^3

Quotation and Reference

인용 및 참고문헌

국외 참고문헌

1. Ang, H.S and Tang, W.h, Probability Concepts in Engineering Planneing and Design, Volume 1-Basic Principles, John Wiley & Sons, New York, N. Y, 1975
2. Box, G.E.P and Jenkins, G.M Time Series Analysis, Forecasting and Control, Holden-Day, San Francisco, 1970
3. Chow, V.T.(Ed), Handbook of Applied Hyerology, McGraw-Hill, New York, N.Y, 1964
4. Clarke, R.T, Mathematical Models in Hydrology, Irrigation and Drainage Paper No. 19, UN/FAO, Rome, 1973
5. Crawford, N.H. and Linsley, R.K, Digital Simulation in Hydrology: Stanford Watershed Model IV, Technical Report No. 39, Stanford University, Stanford, Calif, 1966
6. De Wiest, R.J.M, Geohydrology, John Wiley & Sons, New York, N.Y, 1965
7. Fiering, M.B and Jackson, B.B, Synthetic Streamflows, Water Resources Monograph No. 1, American Geophysical Union, New York, 1971
8. Fleming, G, Computer Simulation Techniques in Hydrology, Elsevier Publisher, New York, N.Y, 1975
9. Gillet, B.E, Introduction to Operations Research, A Computer-Oriented Algorithmic Approach, McGraw-Hill, New York, N.Y, 1976
10. Haan, C.T, Statistical Methods in Hydrology, Iowa State University Press, Ames, Iowa, 1977
11. Hammer, N.J. and Mac Kichan, K.A, Hydrology and Quality of Water Resources, John Wiley & Sons, New York, N.Y, 1981
12. Harr, M.E, Groundwater and Seepage, Mcgraw-Hill, New York, N.Y, 1962
13. Hydrologic Engineering Center, HEC-1 Flood Hydrograph Package, Users Manual, U.S. Corps of Engineers, Daves, Calif, 1981
14. Japan International Cooperation Agency, Run-off Calculation Method, Reference Material for River Engineering Course, Ministry of Construction, Japan.
15. Kottegoda, N.T, Stochastic Water Resources Technology, Macmillan Press, London. 1980
16. Linsley, R.K, Kohler, M.A. and Paulhus, J.L.H, Hydrology for Engineers, 3rd. Ed, McGraw-Hill, New York, N.Y, 1982
17. Nemec, J, Engineering Hydrology, TATA, McGraw-Hill, Hew Delhi, India, 1972
18. Overton, D.E and Meadows, M.E, Stormwater Modeling, Academic Press, New York, 1976
19. Raudkivi, A.J, Hydrology, Pergamon Press, New York, N.Y, 1979
20. Rouse, H.(Ed), Engineering Hydraulics, John Wiley & Sons, New York, N.Y, 1950
21. Schulz, E.F, Problems in Applied Hydrology, Water Fesources Publications, Fort Collins,

Colrado, 1976

22. Sugawara, M, Watanabe, I, Ozaki, E, and Katsuyama, Y, Tank Model with Wnow Component, National Research Center for Disaster Prevention, Tchuchuba, 1984
23. Todd, D.K, Groundwater Hydrology, 2nd Ed, John Wiley & Sons, New York, N.Y, 1980
24. U. S. Army Corps fo Engineers, SSARR Model; Streamflow Synthesis & Reseruoir Regulation, Program 724-K5-G0010, North Pacific Division, Portland, Oregon, 1975
25. Viessman, W, Knapp, J.W, Lewis, G.L, and Harbaugh, T.E, Introduction to Hydrology, 2nd Ed, IEP, A Eun-Donnelley Publisher, New York, N. Y, 1977
26. Wanielista, M.P, Stormwater Management; Quantity and Quality, Ann Arbor Science Publishers, Ann Arbor, Michigan, 1978
27. Wilson, E.M, Engineering Hydrology, 2nd Ed, Macmillan, London, 1974
28. Yevjevich, V, Probability and Statistics in Hydrology, Water Resources Publications, Fort Collins, Colorado, 1972

국내 참고문헌

1. 건설기술연구소, 수문관측소색인집, 1994.
2. 건설부, 하천시설 기준, 1993.
3. 문영일 외 3인 공역 수문학 이론 및 응용, Hydrology in Practice, 사이텍 미디어, 1998.
4. 선우 중호, 수문학, 동명사, 1985.
5. 송재우, 수리학, 구미서관, 1998.
6. 수자원 공사, 소하천 시설기준, 1995
7. 연규방 외 2인 수문학, 구미서관, 1997
8. 윤용남, 공업수문학, 청문각, 1991.
9. 이원환, 수문학, 문운당, 1998.
10. 최영박 외 3인 공역, 수문학(Introduction to Hydrology), 문운당, 1994.
11. 건설기술연구소, 수문관측소 색인집, 1994.
12. 건설부, 하천시설 기준, 1993.
13. 건설부 한국의 댐 1973
14. 권순국 외 11인, 사람과 물, 서울대학교 출판부, 2008.
15. 김명철, 천승필, 이종국, 하천생태계와 담수무척추동물 2013
16. 김의원 한국국토개발사연구 대학도서 1982.
17. 노섭, 수리시설 및 수리실험, 도서출판 청호, 2003.
18. 두산백과
19. 대한토목학회 한국 토목사 1973
20. 문영일 외 3인 공역 수문학 이론 및 응용, Hydrology in Practice, 사이텍 미디어, 1998.
21. 물 백과사전
22. 백창식 외4인 공저, 수리실험, 구미서관, 2002.
23. 선우 중호, 수문학, 동명사, 1985.
24. 손명원 한국의 자연지리 2012.
25. 송재우, 수리학, 구미서관, 1998.
26. 수자원 공사, 소하천 시설기준, 1995.
27. 시사경제스케치
28. 연규방 외 2인 수문학, 구미서관, 1997.
29. 윤용남, 공업수문학, 청문각, 1991.
30. 이삼노, 박성천, 물과 현대생활, 구미서관, 2002.
31. 이상도, 노 섭, 상하수도공학, 한솔아카데미, 2017.
32. 이원환, 수문학, 문운당, 1998.

33. 천재학습백과
34. 최영박 외 3인 공역, 수문학(Introduction to Hydrology), 문운당, 1994.
35. 한국수자원개발공사 한국의 물 자원 1970
36. 한국조경신문
37. 한국학 중앙연구원 한국민족문화 대백과
38. 한국향토문화 전자대전
39. 한림학사 물의 이용 2007
40. Chow, V.T.(Ed), Handbook of Applied Hyerology, McGraw-Hill, NewYork, N.Y, 1964
41. Linsley, R.K, Kohler, M.A. and Paulhus, J.L.H, Hydrology for Engineers, 3rd. Ed, McGraw-Hill, New York, N.Y, 1982
42. Raudkivi, A.J, Hydrology, Pergamon Press, New York, N.Y, 1979
43. Viessman, W, Knapp, J.W, Lewis, G.L, and Harbaugh, T.E, Introduction to Hydrology, 2nd Ed, IEP, A Eun-Donnelley Publisher, New York, N. Y, 1977
44. Wilson, E.M, Engineering Hydrology, 2nd Ed, Macmillan, London, 1974

노 섭 (박사) 홍익대학교 (토목공학/수자원공학)
(석사) 홍익대학교 (토목공학/수자원공학)
(학사) 홍익대학교 (토목공학)

- 경력 (현재) 여주대학교 건축·토목과 정교수
  - 국민안전처 정책자문위원(재난관리)
  - 국민안전처 풍수해(자연재해) 저감종합계획 심의위원
  - 국민안전처 중앙/지방 재해영향성검토 심의위원
  - 국민안전처 재해복구 사전심의위원
  - 국민안전처 2017, 2018, 2019 지방자치단체 재난관리평가위원
  - 국민안전처 2017, 2018 안전한국훈련 컨설팅 및 평가위원/지역안전도 평가위원
  - 제주, 경기도, 양평 (소)하천관리위원
  - 경기도 댐/저수지 안전관리위원, 소하천관리위원
  - 한국수자원공사 기술/설계심의위원
  - 한국수자원공사 한강물관리센터 관리위원
  - KOICA 기술심의위원
  - 경기경찰청 재해재난분야 외래강사
  - 전국 법원전문심리위원(수자원 분야)
  - 여주지청 검찰위원회
  - 여주 도시계획위원
  - 여주 상수도 자문회의 위원장
  - 여주 하수처리장 용역 및 기술평가위원
  - 한강수질모니터링단/수자원공사/환경부

  (※ 상기 국민안전처는 2017년 08월 행정안전부로 통합)
- 학회/역임
  - 대한토목학회 정(평생)회원
  - 한국수자원학회 정(평생)회원
  - 한국방재학회 정(평생)회원/기획위원
  - 한국방재협회 정(평생)회원
  - 한국방재협회 신기술평가위원
  - 재해경감협회 심의위원/반장
  - 前 민주평화통일 자문위원
  - 한국방재안전학회 정(평생)회원/이사(現)
- 표창
  - 한국방재학회 회장 표창(2005. 03.)
  - 대통령표창(재해대책분야, 2006. 05.)
  - 안전행정부장관 표창(사전재해검토분야, 2013. 12.)
- 저서
  - 수리학, 응용수문학, 상하수도공학, 재난관리론 등 14편

물의 수문순환 정가 17,000원

저　자 : 노섭

발행인 : 임해진
발행처 : 도서출판 구미서관

인쇄 : 2020년 7월 1일
발행 : 2020년 7월 5일

등록 : 1979년 6월 29일 No.9-6호
주소 : 서울시 마포구 신촌로 2길 5-15 구미빌딩
전화 : 02-333-1101
팩스 : 02-335-2201
http://www.goomibook.com

ISBN : 979-11-6257-117-0 (93530)